Fondements des mathématiques et critique philosophique

Contribution de Jean Ladrière

D/2024/4910/22 ISBN : 978-2-8061-3617-6

10 rue du Poirier
B-1348 Louvain-la-Neuve

www.editions-academia.be

Norbert Kalindula

Fondements des mathématiques et critique philosophique

Contribution de Jean Ladrière

ACADEMIA

À Agnès Édith Dioso, ma très chère épouse, indéfectible enseigne de l'écoute.

À Agnès Édith et Norbert Antoine Akite, mes très chers enfants, dans l'espoir de vous voir développer la transparence d'esprit qui caractérise les mathématiques.

AVANT-PROPOS

Le souci d'édifier les mathématiques sur une base solide, de les prémunir de toute cohérence et de les mettre à l'abri des contradictions a conduit, à la fin du XIXe siècle et au tout début du XXe siècle, à mettre en œuvre un programme de construction inspiré essentiellement par l'idée de fondation. On retrouve au centre de ce programme les recherches sur les fondements des mathématiques[1].

Ces recherches ont été à la base de la naissance, au sein des mathématiques, de la science des fondements, grâce aux efforts des logiciens et des mathématiciens soucieux de la solidité et de la cohérence de leur science. Comme l'a joliment précisé Jean Ladrière, les résultats obtenus par la nouvelle science des fondements des mathématiques ont obligé la critique philosophique à revoir sa manière de s'interroger sur la nature des objets mathématiques : « C'est désormais à travers les acquisitions de la science des fondements que la critique philosophique doit reprendre sa réflexion sur la nature des mathématiques »[2].

Jean Ladrière note que parmi les idées de base sur lesquelles s'est appuyée la science des fondements et auxquelles elle a réussi à donner un contenu précis, l'idée de système formel (ou formalisme) joue un rôle particulièrement important[3]. Cette idée constitue un pivot grâce auquel on est parvenu à traduire les théories

---

[1] Nous avons indiqué dans un ouvrage paru en 2021 les tentatives des trois grandes écoles dont les travaux se sont fondamentalement consacrés à la notion de crise de fondement des mathématiques. Bruno Leclercq a, lui aussi, bien avant nous, repris ce débat très intéressant dans deux de ses ouvrages. Pour un exposé détaillé à ce sujet, lire B. LECLERCQ, *Intuition et déduction en mathématiques. Retour au débat sur la « crise des fondements »*, Bruxelles, EME, 2014 ; *Fondements logiques et phénoménologiques de la rationalité mathématique. Contributions husserliennes au débat sur la « crise de fondements »*, Paris, J. Vrin, 2015 ; N. KALINDULA, *Connaissance rationnelle et théorie du fondement des sciences. Débat à partir de Jean Ladrière*, Louvain-la-Neuve, Academia, 2021.

[2] J. LADRIÈRE, *Les limitations internes des formalismes. Étude sur la signification du théorème de Gödel et des théorèmes apparentés dans la théorie des fondements des mathématiques,* (Les Grands Classiques Gauthier-Villars), Paris, Jacques Gabay, 1992, p. VII.

[3] *Ibid.*

mathématiques. Un tel développement de la pensée mathématique a trouvé un appui considérable dans les travaux de David Hilbert, qui a élaboré un programme dans lequel la formalisation occupe une place importante.

Une entreprise qui a tenté de mener à bien ce programme est la métamathématique, que David Hilbert[4] a élaborée et à l'édification de laquelle il a lui-même apporté la contribution la plus décisive en opérant une distinction entre mathématique et métamathématique, distinction qui, aux yeux de Jean Ladrière, donne tout son sens à sa théorie de l'objet-signe. D'un côté, tout ce qui a jusqu'ici constitué la mathématique proprement dite est maintenant strictement formalisé de telle sorte que la mathématique proprement dite ou la mathématique au sens étroit devient un corps de formules démontrables. De l'autre côté, à cette mathématique proprement dite vient s'ajouter, en un certain sens, une mathématique nouvelle, mieux, une métamathématique, « qui sert à assurer la sécurité de celle-là en la protégeant de la terreur des interdictions inutiles aussi bien que des difficultés créées par les paradoxes. Dans cette métamathématique, à l'opposé de ce qui se fait dans les procédés de raisonnement purement formel de la mathématique proprement dite, on applique un raisonnement intuitif et on s'en sert pour établir le caractère non contradictoire des axiomes »[5].

On retrouve dans ce développement la portée de la méthode de formalisation, qui est un outil réflexif et en même temps un instrument rigoureux d'analyse et de formulation au cœur du programme hilbertien. On sait que le terme de métamathématique prend actuellement un sens plus large que celui qui avait été fixé par David Hilbert. Ce sens tout à fait plus large autorise à parler désormais de la théorie des systèmes formels. Cependant, insiste Jean Ladrière, « l'idée centrale reste la même : il s'agit d'étudier les propriétés d'un objet qui se présente sous une forme concrète, on n'a plus à tenir compte de la signification des symboles utilisés mais seulement de leur configuration et de la manière dont ils peuvent se distribuer, se combiner, s'échanger, se substituer les uns aux autres »[6].

---

[4] Mathématicien allemand et illustre représentant du formalisme, David Hilbert, comme tous les illustres représentants du formalisme et du logicisme, considère que les mathématiques constituent simplement un jeu avec des symboles.

[5] J. LADRIÈRE, *Les limitations internes des formalismes*, p. 6.

[6] *Ibid.*, p. 8.

Au sujet de la métamathématique, Jean Ladrière écrit : « La métamathématique répond à la fois à l'exigence de réflexivité, puisqu'elle fournit une représentation de ce qui se passe au niveau des théories mathématiques (et des démarches qui permettent de les établir), et à l'exigence de rigueur, puisqu'elle peut être exprimée dans un langage formalisé, dont le fonctionnement est parfaitement contrôlable »[7].

Mais cela n'empêche nullement Jean Ladrière de reconnaître la structure infiniment plus complexe des systèmes formels et d'indiquer que les recherches entreprises en vue de réaliser le programme hilbertien ont révélé que la méthode de formalisation est sujette à certaines limitations. Ce qui met en œuvre l'impossibilité de formaliser complètement une théorie mathématique dès qu'elle atteint un niveau de complexité.

Les vues développées par Jean Ladrière indiquent clairement que la raison mathématique « ne peut devenir totalement claire à elle-même parce qu'elle n'est pas en mesure d'épuiser son objet. Il lui est possible, sans doute, et c'est même là tout le sens de son entreprise, de jeter sur son objet une clarté de plus en plus grande et par là de comprendre elle-même de mieux en mieux son propre projet »[8].

C'est cet aspect fondamental que l'on découvre dans l'épistémologie des mathématiques de Jean Ladrière. C'est une épistémologie critique qui met un accent particulier sur la possibilité de la raison mathématique de reconnaître le débordement de son objet. Jean Ladrière explique que « la nature même de la raison est telle que son objet ne cesse de la déborder : et parce qu'il n'est pas au pouvoir de l'intelligence mathématique de poser devant elle l'objet mathématique total, il n'est pas en son pouvoir non plus de se réfléchir totalement dans un modèle objectif qui exprimerait adéquatement son projet »[9].

On retrouve dans ce développement deux limitations qui précisent le véritable caractère de la raison mathématique : « Ces deux limitations sont solidaires et elles sont indiquées simultanément par les limitations que contient, à son niveau propre, la théorie des

---

[7] J. LADRIÈRE, « Préface » à J.F. MALHERBE, *La philosophie de Karl Popper et le positivisme logique,* Namur/Paris, PUN/PUF, 1979, p. 13.

[8] J. LADRIÈRE, *Les limitations internes des formalismes,* p. 9.

[9] *Ibid.*

systèmes »[10] On découvre dans ces limitations l'instauration d'une raison dont la démarche demeure progressive, par moment discontinue, qui renonce à l'ambition d'une réflexion totale.

La contribution de Jean Ladrière dans le domaine de l'épistémologie des mathématiques est remarquable. Son étude monumentale sur *Les limitations internes des formalismes* constitue une merveilleuse contribution à l'épistémologie des mathématiques. Ce livre est un classique d'épistémologie des mathématiques de premier plan. Jean Ladrière y amorce une réflexion sur la signification du théorème de Gödel et des théorèmes apparentés et mène au résultat qui met en exergue le rôle des formalismes et en appelle à renoncer à l'idée d'une fondation absolue des mathématiques[11]. Les autres travaux de Jean Ladrière, constitués essentiellement d'articles, apportent une véritable contribution à l'épistémologie des mathématiques.

On retrouve dans ces travaux une idée claire sur le rôle de la rationalité dans le développement de la pensée mathématique. Il y a comme un programme que Jean Ladrière élabore en mettant en œuvre l'instauration de la raison dans le projet de fondement des mathématiques. Il effectue un déplacement qui met au cœur de la raison mathématique la reconnaissance d'une dualité[12]. Ce programme repose sur « une coïncidence qui tient aux conditions mêmes du développement de la raison »[13].

La coïncidence évoquée tantôt entre le développement de la raison et le programme de fondation des mathématiques n'est ni banale ni anodine. Les mathématiques constituent une véritable région transparente de l'instauration de la raison : « En mathématiques, la raison est pour ainsi dire chez elle. À la différence de ce qui se passe dans les autres sciences, la transparence n'est ici altérée par aucune référence à un contenu empirique étranger »[14]. La

---

[10] J. LADRIÈRE, *Les limitations internes des formalismes*, p. 9.

[11] N. KALINDULA, « Limitation et circularité d'après Jean Ladrière », in J. LECLERCQ et T. SCAILLET (éds), *Lire Jean Ladrière. Une introduction à son œuvre*, Louvain-la-Neuve, PUL, 2019, p. 307.

[12] N. KALINDULA, « Le rôle de la raison dans la théorie du fondement des sciences d'après Jean Ladrière », in *Recherches scientifiques africaines. Tendances, débats et résultats* 1 (janvier-juillet 2017), p. 111.

[13] J. LADRIÈRE, *Le temps du possible*, Louvain-la-Neuve/Louvain/Paris/Dudley, Éditions de l'Institut Supérieur de Philosophie/Peeters, 2004, p. 271.

[14] S. GANDON et I. SMADJA, « Introduction » à S. GANDON et I. SMADJA (éd.), *Philosophie des mathématiques. I. Ontologie, vérité et fondements*, traductions par

transparence s'effectue à travers la démonstration et la non-contradiction. Dans les développements modernes des mathématiques, notamment avec l'apparition des géométries non euclidiennes et, plus tard, des paradoxes), une nouvelle conception de l'axiomatique s'est fait jour, à partir de laquelle la non-contradiction est devenue un critère ultime de validité[15].

Au moyen de l'idée de transparence, les mathématiques construisent leur objet. On peut même noter qu'elles découvrent leur objet en le construisant. Et cela, comme Jean Ladrière l'a clairement suggéré, en ce sens que la pensée mathématique n'a pas un critère absolu de validité, posé une fois pour toutes, mais elle a plutôt « une sorte d'épuration progressive des critères, qui va de pair avec l'extension du champ mathématique et la découverte de nouveaux domaines »[16].

L'idée d'épuration progressive des critères de validité fait transparaître le mouvement interne de la pensée mathématique. Jean Ladrière écrit à ce sujet : « On pourrait dire que cette pensée est à la recherche à la fois de son objet et de sa méthode. La réalité mathématique n'est pas donnée à l'avance, dans une sorte d'intuition. Elle est découverte progressivement, dans une construction qui est de caractère essentiellement prospectif et qui, pour cette raison, n'est jamais pleinement assurée de la validité et de l'efficacité de ses propres procédés »[17]. Et Il insiste : « C'est au fur et à mesure de la construction du champ mathématique que se précisent les méthodes de cette construction elle-même »[18].

On se rend alors compte que, pour Jean Ladrière, le champ mathématique est un magnifique réceptacle de la transparence de la raison. C'est même dans un tel réceptacle que nous dénichons une conception nouvelle de l'idée de fondement des mathématiques. À partir de là, on découvre un processus circulaire dans le travail fondationnel. Un tel processus permet de mettre en relief un caractère relatif qui permet à la pensée mathématique de rendre compte de sa capacité à ressaisir le champ tout entier de son actualité « et à discerner en lui les exigences internes de dépassement qu'il

---

A.-M. Boivert, S. Gandon, B. Halimi, I. Ly, S. Maronne, I. Smadja, B. Timmermans, Paris, J. Vrin, 2013, p. 12.

[15] J. LADRIÈRE, « Sciences et discours rationnel », in *Encyclopaedia Universalis*, Corpus 16, Paris, Encyclopaedia Universalis France, 1985, p. 552, col. 3.

[16] *Ibid.*, p. 553, col. 1.

[17] *Ibid.*

[18] *Ibid.*

manifeste, en telle ou telle région, à partir des problèmes qui s'y posent et des possibilités de thématisation qui s'y dessinent »[19].

Si l'on accepte le point de vue de Jean Ladrière, le domaine de concaténation en matière de fondement des mathématiques, qui nous ouvre une voie pratiquement nouvelle, est bien défini : c'est celui de l'instauration de la raison. Ce domaine surplombe et couvre celui de métamathématique contenu dans le programme hilbertien dans la mesure où il reconnaît l'impossibilité de la raison mathématique de se réfléchir totalement dans un modèle objectif qui exprimerait adéquatement son projet.

Cela suggère une intentionnalité opérante qui habite la pensée mathématique et qui, en elle, du moins pour utiliser une belle expression de Jean Ladrière, est comme la trace annonciatrice de la réalité d'ordre idéal dont elle fournit les esquisses partielles et provisoires. Cette conscience marque la figure de la raison, et plus particulièrement de la raison mathématique que nous propose l'épistémologie des mathématiques de Jean Ladrière : une raison en perpétuelle autocritique au moyen de laquelle toute progression décisive s'effectue en prolongeant l'acquis vers ce qui n'est pas encore thématisé[20]. Elle est à la base de l'idée de création qui traverse l'historicité de la pensée mathématique. Jean Ladrière explique que la création est le mouvement même de cette historicité. Et ce mouvement marque la méthode de formalisation. Bien plus, elle déborde la formalisation en ce sens qu'elle ne paraît pas pouvoir être formalisée. « Le mouvement créatif ne peut s'appuyer que sur son propre élan. Faute de se connaître dans son terme ultime, il ne peut se donner une assise absolument certaine. Chaque étape est justifiée autant qu'elle peut l'être, dans la transparence des opérations formelles. Le sens général de l'entreprise reste, en son fond, énigmatique »[21].

Mettre en perspective la particularité de la critique philosophique sur la pensée mathématique est l'objet des pages qui suivent. L'exposé, dans son ensemble, est centré sur le rapport entre les fondements des mathématiques et l'instauration de la raison. Il comporte sept chapitres. Un tout premier chapitre aborde de front la portée des signes et des symboles dans les sciences pures.

---

[19] J. LADRIÈRE, « Sciences et discours rationnel », p. 553, col. 1.
[20] N. KALINDULA, « Le rôle de la raison dans la théorie du fondement des sciences d'après Jean Ladrière », p. 90-91.
[21] J. LADRIÈRE, *o. c.*, p. 553, col. 2.

Le chapitre II est consacré aux concepts opératoires des sciences pures. Il en indique la portée et en précise la spécificité. Le chapitre III analyse la notion de formalisme et montre son impact sur les fondements des mathématiques. Il décrit le foisonnement des théories et le désir de fonder les mathématiques.

Le chapitre IV est entièrement consacré aux formes et aux objets des sciences formelles. Il précise le caractère rationnel de ces objets et montre l'exactitude de leurs définitions ; il note que ces objets mettent en évidence la transparence de la raison.

Le chapitre V décrit la logique, sous sa forme généralisée, comme un véritable canon de la raison. Il montre comment elle s'est complexifiée, notamment en intégrant des aspects qui relèvent essentiellement des mathématiques.

Le chapitre VI développe l'idée que dans les mathématiques on trouve la forme la plus claire de l'idée de rationalité. Il suggère que l'objet mathématique n'est accessible que grâce à une activité constituante qui procède par thématisation à partir de la connaissance acquise des propriétés d'objets déjà constituées.

Le chapitre VII enfin expose la portée du schéma gödelien et son rapport à la notion de limitation que Jean Ladrière développe.

Qu'il me soit permis d'exprimer ici ma profonde gratitude à ma très chère épouse, Agnès Édith Dioso, dont le réflexe de compréhension m'a toujours accordé du temps pour la recherche. Ma reconnaissance va également à l'endroit de l'Institut de Missiologie Missio Aachen qui a financé la publication de ce livre. J'adresse tous mes remerciements aux Éditions Academia et à leurs collaborateurs pour tout le soin qu'ils ont apporté à l'édition de cet ouvrage.

Norbert Kalindula

CHAPITRE I
SIGNES ET SYMBOLES EN SCIENCES PURES

Les sciences pures construisent leurs connaissances dans un univers symbolique. Les symboles sont des objets matériels qui désignent et représentent une autre entité. Ils occupent une place de choix à la fois dans l'élaboration théorique et dans l'analyse des énoncés et des relations que ces énoncés impliquent[22]. Grâce aux symboles doués de sens et aux constructions conceptuelles, elles élaborent un ensemble de règles de structures à partir desquelles elles construisent des systèmes cohérents et des définitions exactes. Ces systèmes sont des instruments au moyen desquels elles tentent de donner un fondement à leurs connaissances. Nous nous proposons de consacrer ce chapitre à la signification de l'univers symbolique des sciences pures.

1.1. Sens et signification des signes dans les sciences pures

Le problème du sens et de la signification est à situer dans la problématique générale du langage. On peut dire que, en tant qu'il appartient à la constitution même de l'être humain, le langage pose la question de la signifiance. Il est une dimension de la coexistence qui est faite de l'échange des significations au moyen des supports matériels qui peuvent être des signaux à caractère soit vocal, soit symbolique. Ces supports sont susceptibles de faire sens, c'est-à-dire de se charger de significations. « Celles-ci sont indépendantes, comme telles, du support sur lequel elles sont présentées. Elles peuvent être déplacées d'un support sur un autre, mais c'est bien en se liant à un

---

[22] Peut-être est-il intéressant de noter un lien indubitable entre la raison et la sensibilité en tant que facultés nécessaires à la construction de connaissances scientifiques. La possibilité d'un tel lien se justifie en ceci que la construction de connaissances, notamment en mathématiques où l'accent porte plus sur la dimension théorique, ne se détache jamais totalement du concret.

support susceptible de se déplacer dans l'espace (comme l'est le support vocal) qu'elles peuvent elles-mêmes être transportées d'un lieu à un autre et donc que la communication peut être effectivement établie entre les locuteurs »[23]. C'est dans cette perspective que se donne à comprendre la notion de signifiance.

1.1.1. La théorie de la signifiance

La signifiance « est le processus en vertu duquel les signes linguistiques peuvent se charger de significations. Les signes qui servent de support aux significations sont des objets perceptibles, localisés dans le temps et dans l'espace, susceptibles de se combiner entre eux pour former des entités complexes de même statut »[24]. Les significations, elles, sont des entités idéales, susceptibles d'être appréhendées seulement « sous une forme concrète de représentation. Mais par elle-même une signification est le noyau abstrait commun à toutes les représentations dont il est susceptible et correspondant à ce qui est saisi par un locuteur lorsqu'il comprend le message sous la forme duquel il lui est transmis »[25]. Le caractère signifiant du langage fait qu'il possède une énigme, ainsi l'analyse de la signifiance se donne pour objectif de dissiper cette énigme, « en montrant comment, effectivement, le langage produit des significations »[26].

Nous pouvons revenir sur les notions de sens et de signification dans l'organisation d'un système linguistique. De manière générale, on considère que ces deux notions sont synonymes. N'y a-t-il pas moyen d'établir une distinction subtile entre elles ? Répondre à cette interrogation c'est, comme l'indique Jean Ladrière, accepter de postuler la possibilité de faire valoir deux aspects différents de l'organisation d'un système linguistique. On a, d'une part, des unités signifiantes à caractère local, qui relèvent de la notion de signification, et, d'autre part, « cette qualité globale qui caractérise tout ce qui est signifiant, qui donne aux significations leur vertu signifiante, leur capacité de "faire sens" »[27]. Le terme sens est effectivement réservé à cette qualité et se laisse comprendre comme

---

[23] J. LADRIÈRE, *La foi chrétienne et le destin de la raison*, Paris, Cerf, 2004, p. 252.
[24] *Ibid.*
[25] *Ibid.*
[26] *Ibid.*
[27] *Ibid.*

« cette dimension de l'esprit par rapport à laquelle se séparent ce qui est "sensé" et ce qui se révèle comme "non sensé" »[28].

Cela a pour conséquence le fait que le sens se veut être cet horizon englobant où s'inscrivent les significations particulières et duquel elles reçoivent leur force signifiante. Pour ce faire, les significations médiatisent le sens, de même, le sens médiatise les significations dans la mesure où « c'est dans le milieu du sens que s'élaborent les significations »[29]. Le sens et la signification ont lieu dans un réseau cohérent et relativement unifié de signes. Ce réseau met en œuvre un monde qui est lui-même un système de significations.

La notion de signification renferme l'idée de ce qui renvoie « à ce qui échappe à une structuration manifeste, dans une expérience »[30]. Nous ne nous attardons pas ici sur le sens de l'expérience. Dans la mesure où il est possible de comprendre la notion de signification, telle que définie ici, il est également possible de considérer que cette notion suppose une structure abstraite, qui possède des éléments et des relations. Gilles Gaston Granger explique que les éléments et les relations d'une structure abstraite sont nécessairement associés à des signes, et cela dans la pratique qui les élabore. Pour lui, les signes « renvoient donc d'abord en principe à un ensemble de notions abstraites »[31]. Celles-ci constituent la matrice qui détermine le contenu des signes. Il y a là comme un mécanisme de construction. On pourrait à cet égard, espérant rendre plus claire la notion de signe, considérer son rôle dans les sciences formelles.

Ces considérations trouvent souvent leur ancrage dans le cadre des expressions nominales, en tant qu'elles peuvent être utilisées pour désigner un objet. Comme le laisse entendre Jean Ladrière, du point de vue grammatical, ces expressions peuvent servir de sujets dans une phrase bien formée. On peut, le cas échéant, évoquer les noms propres, les noms abstraits précédés d'un article défini, les expressions descriptives précédées d'un article défini ou d'un démonstratif, les expressions quantifiées. Ces expressions peuvent être formalisées. Et Jean Ladrière reprend l'exemple d'une expression descriptive précédée d'un article défini dans la mesure où cette expression fait intervenir un prédicat pour catégoriser un objet sous

---

28 J. LADRIÈRE, *La foi chrétienne et le destin de la raison*, p. 252.
29 *Ibid.*, p. 253.
30 *Ibid.*, p. 112.
31 *Ibid.*

la forme d'une désignation singulière. C'est l'exemple « L'auteur de *La Divine Comédie* ». Jean Ladrière explique que le prédicat utilisé ici est « être l'auteur de *La Divine Comédie* ». Il souligne que, dans un langage formalisé, on peut analyser une telle expression au moyen d'un opérateur de description : « Le *x* tel que ». En formalisant cet exemple, on obtiendrait : « Le *x* tel que *x* a la propriété d'être l'auteur de *La Divine Comédie* »[32]. L'indication de cet exemple nous pousse à croire que la fonction prédicative d'une expression est assumée dans une expression symbolique dont la construction est hautement rationnelle. Cette manière de pratiquer ce symbolisme est tributaire de la création d'un langage mathématique ou logique. Cette création est comme un aboutissement d'une construction dont la symbolisation est la forme concrète. « Elle est à la fois liée au contenu de la connaissance mathématique, et aux conditions qui en constituent l'infrastructure »[33]. Cette évocation n'est qu'une manière de nous plonger dans la symbolisation propre des sciences formelles. Elle nous permet de considérer davantage la notion de signe en prenant en compte son appréhension dans les expressions nominalistes.

Ces expressions ont une fonction référentielle. Et cela, d'autant plus que la référence est la relation entre un terme et une entité, réelle ou idéale, à laquelle ce terme renvoie, qu'il est chargé en quelque sorte de représenter à l'intérieur du discours. « L'entité à laquelle le terme se rapporte est appelée son référent »[34].

Pour Jean Ladrière, l'idée de sens connote à la fois une dimension de signification et une dimension de direction. On a affaire à une dualité qui révèle une relation importante entre ces deux dimensions. Celles-ci « ne sont pas simplement associées par hasard, il y a une directionnalité dans la notion même de signification, qui implique une référence à quelque chose d'autre, une inscription dans un contexte plus large et donc un pas vers un domaine plus intelligible »[35]. De manière tout à fait réciproque, on pourrait dire que « l'indication d'une direction est une façon de fournir une signification »[36]. Et fournir une signification suppose un mécanisme

---

[32]J.LADRIÈRE, « Langage scientifique et langage spéculatif », in *Revue philosophique de Louvain* 69 (février 1971), Quatrième série, n° 1, p. 94.

[33]G.-G. GRANGER, *Essai d'une philosophie du style*, Paris, Armand Colin, 1968, p. 22.

[34] J. LADRIÈRE, *o. c.*, p. 94.

[35] J. LADRIÈRE, *La foi chrétienne et le destin de la raison*, p. 45.

[36] *Ibid.*

hautement rationnel d'autant plus que ce mécanisme requiert ce qui est intelligible. L'intelligibilité d'une signification renferme quelque chose de profondément sensé pour l'esprit qui le conçoit et veut en donner une explication claire et nette. Ce processus d'explication est comme un moyen nécessaire de justification de la démarche rationnelle à l'œuvre. Un domaine est dit plus intelligible dans la mesure où il permet de rendre compte de l'articulation de la rationalité dans sa démarche, dans son effectuation, dans son opérativité.

1.2. L'univers symbolique et son mode de fonctionnement

Toute discipline scientifique possède un langage précis dans lequel elle communique le savoir qu'elle élabore. C'est dans cette perspective qu'il est indispensable de prendre en compte la question de la nécessité du langage, et en son sein, celle du sens et de la signification. Comme l'explique Jean Ladrière, les recherches contemporaines sur le langage nous ont permis de comprendre qu'il existe « non seulement différentes langues mais diverses modalités de langage, dont chacune a ses présuppositions, ses règles, ses moyens spécifiques de créer des effets de sens »[37].

Il en découle donc la nécessité « de s'interroger non seulement sur la morphologie du discours, et sur le fonctionnement des diverses composantes mises à jour par l'analyse morphologique, mais aussi sur ce qui constitue en propre chaque modalité, sur les présupposés de chaque vérité de langage »[38]. Cette nécessité nous permet de souligner qu'une modalité déterminée est un élément essentiel à partir duquel une composante donnée reçoit son rôle et à partir duquel son fonctionnement peut être compris. On se rend compte que les présuppositions qui servent de fondement à une modalité déterminée constituent un préalable essentiel à son articulation.

L'évocation d'une modalité déterminée est une indication qui montre l'importance de l'analyse du langage et de la portée du processus par lequel des signes sont susceptibles d'être porteurs de signification. Chaque langue possède une modalité particulière de fonctionnement susceptible de recueillir une analyse. On peut

---

[37] J. LADRIÈRE, « Langage scientifique et langage spéculatif », p. 92.
[38] *Ibid.*

remarquer que l'analyse du langage, comme l'ont à la fois montré les travaux relatifs aux formalismes et le développement de la philosophie du langage ordinaire, « est susceptible d'apporter des ressources méthodologiques très efficaces à l'étude des problèmes philosophiques, et tout particulièrement à celle des problèmes épistémologiques »[39]. Cela suggère la prise en compte de la pertinence d'un langage tel qu'il se présente.

Un langage est un ensemble de signes et de règles qui mettent en jeu l'emploi de ces signes en vue d'une signification donnée. Plus précisément, il se présente. À ce sujet, Jean Ladrière note : « Un langage se présente comme un dispositif qui permet de construire, à partir d'un ensemble limité de signes et suivant des règles déterminées, des unités expressives susceptibles de porter un sens complet »[40].

Les suites de signes sont caractérisées par leur potentialité significative. Elles déterminent concrètement leur capacité à s'inscrire dans l'horizon du sens. On comprend dès lors qu'une entité linguistique ait un pouvoir signifiant. Ce pouvoir est la capacité de cette unité linguistique « à faire apparaître une signification, qu'il s'agisse de sa détermination partielle, constituant son noyau invariant, ou de sa détermination concrète, c'est-à-dire de sa capacité à s'inscrire dans l'horizon du sens »[41]. L'étude du langage a permis de « distinguer les mécanismes qui permettent d'engendrer des phrases et les mécanismes qui permettent d'associer aux phrases des significations »[42]. Étant des entités objectives, inscriptibles dans la matérialité, les phrases sont étudiées. « Leur étude fait l'objet de la syntaxe. Les significations sont des entités idéales, portées par des représentations syntaxiques mais non identifiables à leurs supports. Leur étude fait l'objet de la sémantique »[43].

Ces présuppositions servent à la fois de poteaux indicateurs et de chaînons à un langage précis. En ce sens, on pourrait soutenir que la signification d'un langage est donnée par les règles de son usage : « Tout usage effectif d'un langage met ainsi en jeu des dispositifs, fournis par la pratique linguistique, grâce auxquels les phrases

---

[39] J.LADRIÈRE, *Sens et vérité en théologie. L'articulation du sens* III, Paris, Cerf, 2004, p. 7.

[40] *Ibid.*, p. 8.

[41] *Ibid.*, p. 10.

[42] *Ibid.*, p. 8.

[43] *Ibid.*, p. 8-9.

énoncées se trouvent revêtues d'une signification »[44]. Ce qui est dit des phrases énoncées vaut pour tout signe ou pour toute suite de signes et de règles dans la construction de propositions.

En fait, les règles d'usage d'un langage donné jouent un rôle déterminant dans le processus de signification. C'est dans ce contexte, il faut bien le reconnaître, qu'il convient de situer le problème des signes et du rôle fondamental qu'ils jouent dans le cadre des sciences pures. En se proposant d'étudier les questions épistémologiques des sciences formelles en prenant appui sur une étude des signes en lesquels elles s'expriment, on est amené, de façon plus précise, à analyser leur mode de signifiance, en tant que conditionné par le type de réalité dont elles s'occupent. Or ces sciences s'occupent d'un objet abstrait, ou plus exactement d'un objet qu'elles construisent. Nous sommes là au cœur de la problématique du langage scientifique dans son aspect formel.

On pourrait, à cet égard, considérer qu'un langage formel est un langage construit, dont le but est de prouver la possibilité de son utilisation. C'est un langage qui rend compte du discours scientifique. Il s'articule, peut-être déjà comme il convient de l'indiquer, dans des systèmes symboliques qui « se distinguent des langages proprement dits par deux traits essentiels »[45]. Le premier trait essentiel est celui qui fait que ces langages ne comportent pas de véritable seconde articulation, comme c'est le cas dans le langage usuel. Ils peuvent avoir des signes isolés et des expressions bien formées, « mais ils ne s'opposent pas entre eux comme le phonème au monème (ou si l'on veut, plus vaguement, au mot) »[46]. Le second trait des systèmes symboliques est postulé par le fait que ces systèmes « sont délibérément construits de façon à ne s'ordonner à aucune expérience autre que l'expérience des symboles eux-mêmes »[47]. Il y a là une sorte d'autoréférence des signes dans le langage formel[48] en ce sens qu'un « signe du langage formel ne renvoie jamais à une expérience extérieure au langage, mais seulement à une combinaison de règles symboliques qui constitue son "objet" au sens de Peirce »[49].

---

[44] J. LADRIÈRE, *Sens et vérité en théologie*, p. 9.

[45] G.-G. GRANGER, *Essai d'une philosophie du style*, p. 117.

[46] *Ibid.*

[47] *Ibid.*

[48] J. LADRIÈRE, *L'articulation du sens*. I., p. 26-30.

[49] G.-G. GRANGER, *o. c.*, p. 117.

Le langage est un univers dont une connaissance scientifique ne saurait aucunement se passer : « Toute connaissance scientifique se déploie dans un univers de langage ; qu'elle accepte provisoirement la langue usuelle ou qu'elle s'en crée une à son usage, la science requiert nécessairement, comme *condition transcendantale*[50], un système linguistique »[51]. Ce système linguistique est en quelque sorte œuvre d'un travail de structuration, travail qui est également fruit de construction et de rectification.

1.3. Les signes et leurs enjeux dans les sciences formelles

Pourquoi utilise-t-on des signes dans les sciences pures ? Cette question en fait surgir une autre : quel rôle spécifique jouent les signes dans le contexte des sciences dites pures ? En posant cette question, nous posons inévitablement la question du sens et de la signification des signes opératoires dans les sciences formelles.

Les signes jouent un rôle essentiel dans l'articulation des sciences formelles. Ils ont un sens tout à fait particulier et fondamental. Ceci nous amène à reconsidérer les notions de sens et de signification dans la mesure où elles sont susceptibles de nous

---

[50] Il est intéressant de préciser que Gilles-Gaston Granger emploie le mot transcendantal non pas exactement dans son acception kantienne, mais au sens applicable à une condition formelle de connaissance. Il est également curieux de constater que, dans une note non moins indispensable, il lui donne sa propre acception en rapport justement avec la pensée formelle. Nous ne saurons pas résister à la tentation de reprendre ici les termes dans lesquels il indique cette précision : « Nous appelons transcendantale toute condition formelle de connaissance qui détermine *a priori* un type d'objectivité. Nous disons : "formelle", pour écarter toute détermination causante, telle par exemple celle qui fait directement dépendre une catégorie objective de la nature d'un instrument d'observation, ou encore d'un événement de l'histoire humaine. Nous disons : *"a priori"* pour désigner le caractère constitutif de la détermination transcendantale, qui ne joue pas, dans le processus de connaissance, le rôle d'un produit d'expérience, mais au contraire d'un canevas d'organisation, ou encore, comme il est dit à plusieurs reprises, d'un projet d'objectivation ». Il ajoute : « Mais le "transcendantal" n'est pas identifié à une structuration *ne varietur* de l'expérience, selon les normes intimes d'une objectivation ». G.-G. GRANGER, *Essai d'une philosophie du style*, p. 11-12.

[51] *Ibid.*, p. 111.

servir de cheville ouvrière afin de comprendre leur particularité, mieux, leur spécificité dans les sciences formelles.

On pourrait dire que l'idée de sens renvoie à un mode de signifiance qui fonctionne à partir d'une intelligibilité à la fois interne et externe de différents signes. Ceci suppose au départ la construction à la fois rationnelle et symbolique d'une signification. Cette construction revêt le plus souvent un caractère conventionnel. On pourrait, dans une certaine mesure, dire que la notion de sens implique un univers fonctionnel dans lequel un objet se donne à comprendre. Ce fonctionnement possède une espèce d'intelligibilité qui appartient à un mode particulier de signifiance. Ce mode met en correspondance un objet et ce à quoi cet objet renvoie. Ainsi, ce mode rend-t-il disponible le sens effectif de cet objet. Il y a ici comme une correspondance entre des signes et ce à quoi ils se réfèrent à partir des règles qui définissent les éléments auxquels ces signes renvoient.

Les signes utilisés en sciences formelles sont des signes artificiels, créés pour les besoins de la recherche objectivable en vue d'une signification. En fait, comme le fait remarquer Jean Ladrière, « la signification elle-même, en tant qu'elle s'inscrit dans un système, est une réalité objectivable »[52]. Dans le cas du langage des sciences formelles, qui est un langage purement artificiel, c'est-à-dire construit, les signes sont munis des règles précises au moyen desquelles ils sont compris et mis en application.

Il découle de tout ceci qu'un langage peut être considéré comme un système de signes d'une nature particulière. Et un signe, considéré comme un objet matériel, désigne ou représente une autre entité. Cette entité peut être un objet idéal ou un objet concret, probablement un autre signe. En un sens, comme l'a bien indiqué Sander Peirce, un signe est « une chose reliée sous un certain aspect à un *second signe*, son "objet", de telle manière qu'il mette en relation une *troisième chose*, son "interprétant", avec ce même objet, et ceci de façon à mettre en relation une quatrième chose avec cet objet, et ainsi de suite *ad infinitum*... »[53].

Sander Peirce a fait une célèbre distinction entre trois espèces de signes : les icônes, les index et les symboles. Il explique qu'une *icône* se réfère à l'objet qu'elle dénote simplement en vertu de caractéristiques qu'elle possède en propre. C'est l'idée de dénotation, dans le processus de signification et de donation de sens, qui semble

---

[52] J. LADRIÈRE, *L'articulation du sens*. I., p. 8-9.

[53] S. PEIRCE, *Collected papers*. Vol. II. *Elements of Logic*, p. 51.

être mise en exergue ici. Quant à un *index*, il se réfère à l'objet qu'il dénote en tant qu'il est réellement affecté par cet objet. Un *symbole*[54] se réfère à l'objet qu'il dénote en vertu d'une loi, dont l'effet est de faire interpréter le symbole comme se référant à cet objet ; « cette loi établit une liaison arbitraire entre le symbole et l'objet »[55].

Ce recours à la distinction établie par Sander Peirce nous sert de pont pour amorcer la notion de signe, de symbole et de son rôle dans les sciences formelles. Pour Jean Ladrière, un signe peut être défini comme une expression capable de véhiculer un sens. Dans le contexte des sciences formelles, le philosophe et mathématicien belge donne au terme « signe » une signification extrêmement limitée et restreinte. Il fait équivaloir le terme de signe au terme de symbole. En un sens, un signe est un symbole, tout comme un symbole est un signe. Selon lui, les signes ici sont tout simplement les symboles. Et les symboles dont il est question ici sont ceux de la logique et des mathématiques. Ce sont donc des symboles formels. Qu'est-ce qu'alors un symbole formel ? On peut, pour répondre à cette question, se référer à une explication que Jean Ladrière donne à ce sujet en des termes très suggestifs lorsqu'il écrit : « Un symbole

---

[54] Le terme de symbole recouvre traditionnellement trois ensembles de signification nettement distincts. Dominique Jameux indique ces trois ensembles en partant du sens couramment attribué au concept de symbole vers le sens logico-mathématique en passant par le sens étymologique. Ainsi, la notion de symbole revêt, selon le sens courant, un sens proche de celui d'analogie emblématique. De ce point de vue, on peut par exemple noter que la colombe est le symbole de la paix, le lion est le symbole du courage, la croix latine est le symbole du christianisme, le spectre et la couronne sont les symboles de la royauté, etc. De manière générale, ce sens courant se confond avec celui d'une concrétisation (objet, animal, figure), d'une réalité abstraite (vertu, état, pouvoir, croyance). En second lieu, on a le sens étymologique. Le terme de symbole vient du grec « σύμβολον », dérivé du verbe « συμβάλλω », « je joins », définit un objet partagé en deux, et dont la possession de chacune par deux individus différents leur permet de se rejoindre et de se reconnaître. Dominique Jameux explique que ces deux premiers sens ont entre eux d'évidentes relations. Mais ils n'ont pas de rapport semblable avec la troisième signification, celle du symbole logico-mathématique qui nous intéresse dans cette étude. En fait, le symbole logico-mathématique est tout signe graphique qui indique une grandeur donnée, ou qui prescrit une opération précise sur ces grandeurs. Ce dernier sens nous conduit à indique que le concept de symbole est caractérisé par son abstraction totale. Pour plus de détails à ce sujet, lire D. JAMEUX, « Symbole », in *Encyclopaedia Universalis*, Corpus 17, Paris, Encyclopaedia Universalis France, 1985, p. 494, col. 1-2.

[55] J. LADRIÈRE, *L'articulation du sens*. I., p. 21.

formel est une unité élémentaire faisant partie du vocabulaire d'un langage artificiel complètement formalisé, c'est-à-dire d'un langage défini de manière purement syntaxique, au moyen d'un système explicite de règles, abstraction faite de toute référence à d'éventuelles significations intuitives des expressions utilisées »[56].

De ce point de vue, on peut dire qu'un symbole, logico-mathématique bien entendu, est « tout signe graphique, ou bien indiquant une grandeur donnée, ou bien prescrivant une opération précise sur ces grandeurs. Ainsi, dans la formule : $(f)\ y = x^2+3x - 4$, (f), y, x, l'exposant 2 de x, le signe + et le signe – sont des symboles »[57]. En tant que tels, ces symboles fonctionnent dans un système de règles bien définies et permettent de donner un sens à des opérations qui s'effectuent. En ce sens, on peut dire qu'un symbole, c'est donc un instrument qui sert à représenter un objet abstraitement construit selon un système explicite de règles. Ce système constitue des modalités particulières au moyen desquelles on arrive à donner un sens à un objet. On pourrait, de manière tout à fait métaphorique, considérer que la signification des symboles au moyen desquels un système formel est construit est donnée par les règles de leur usage. En ce sens, on peut soutenir qu'un système formel est un langage artificiel composé des symboles dont la signification dépend du réseau des relations que ces symboles entretiennent entre eux.

À travers ces indications, on peut considérer un langage artificiel, dans lequel les symboles s'interfèrent, « comme un système, qui doit être examiné à la fois selon ce qui fait sa particularité et selon ce qui fait sa systématicité »[58]. La particularité d'un langage artificiel du genre logico-mathématique se situe dans sa capacité de permettre l'effectuation des opérations purement abstraites. Ainsi on peut dire que des opérations arithmétiques, comme l'addition, la division, la multiplication, la soustraction, s'effectuent au moyen des signes et des symboles qui les représentent et qui permettent de les rendre effectives. Il y a alors un lien indissociable entre sens et système : « Il y a une émergence du sens dans le système, comme on le voit très clairement dans l'expérience de la formalisation et dans le problème de l'interprétation »[59]. Le système fait apparaître un sens nouveau parce qu'il est à la fois formel et opératoire. On voit dès lors qu'il

---

[56] J. LADRIÈRE, *L'articulation du sens*. I., p. 27.
[57] D. JAMEUX, « Symbole », p. 494, col. 2.
[58] J. LADRIÈRE, « Langage scientifique et langage spéculatif », p. 93.
[59] J. LADRIÈRE, « Sens et système », in *Esprit* (mai 1967) n° 360, p. 822.

« n'est pas une théorie représentative, qui fournirait comme un double, une image de la réalité ; il est une réalité par lui-même, mais au sens d'une réalité formelle. Il est un ensemble de possibilités de construction ; soumises à des règles (les constructions pouvant prendre la forme de démonstrations mais pas nécessairement) »[60].

Ces considérations nous plongent davantage dans le sens des symboles formels. Il va sans dire que les symboles ou les signes en usage dans les langages formels « servent de supports aux systèmes formels que ces langages permettent de formuler »[61]. Ils représentent des réalités d'ordre idéal ou réel. Ils permettent de représenter, dans un langage artificiel, une affirmation relative à un état de choses. La communication des informations concernant un système formel se fait au moyen d'un graphisme approprié. Ce graphisme est une construction abstraite dont le sens est fourni au moyen d'interprétations dont cette construction a nécessairement besoin. On pourrait illustrer cela au moyen de quelques signes graphiques et indiquer ce que ces signes graphiques représentent exactement. On s'inspire ici d'un exemple fourni par Dominique Jameux en ce qui concerne l'interprétation symbolique. Les signes « + », « - », « = » représentent des opérations à effectuer sur des grandeurs. « Mais ils représentent tout autant l'existence d'un système où ces opérations sont possibles. Le graphisme = a ainsi un double statut : en tant que signe, il marque l'équivalence ; en tant que symbole, il marque la possibilité d'un système d'équivalences »[62]. En effet ce symbole marquant la possibilité d'un système d'équivalences se laisse comprendre ici en tant que symbole logico-mathématique. Dans l'exemple 8 = 4x2 ou 4+4, comme le rappelle Dominique Jameux, le symbole « = » revêt un sens purement logico-mathématique, « dans le sens où Ortigues définit celui-ci comme "tendant à ramener la question du sens à une question de syntaxe, d'expression bien formée, de telle sorte qu'au simple examen de la formule on puisse juger de sa validité" »[63].

Ce préalable permet de rendre tout système formel accessible et compréhensible. Il y a déjà là une dimension herméneutique dans les sciences formelles. Ceci nous conduit à mentionner le rôle des symboles formels, comme l'entend Jean Ladrière : « Les symboles

---

[60] J. LADRIÈRE, « Sens et système », p. 822.
[61] J. LADRIÈRE, *L'articulation du sens*. I., p. 27.
[62] D. JAMEUX, « Symbole », p. 495, col. 2.
[63] *Ibid.*

formels n'ont d'autre fonction que de rendre ainsi les systèmes formels accessibles dans une présentation déterminée ; naturellement, celle-ci a un caractère tout à fait contingent et conventionnel »[64]. L'idée fondamentale ici est d'indiquer qu'un symbole formel n'est jamais neutre. « Il est certes extérieur à ceux qui le formulent ou qui doivent l'appliquer, mais les conditions de cette prescription sont, elles, contingentes, immanentes, en un mot : socialisées »[65]. Il ressort de ceci que la communauté des scientifiques joue un rôle indispensable dans la détermination de la signification d'un symbole formel donné. C'est ce caractère conventionnel d'un symbole logico-mathématique qui permet de rendre possible la validité d'une formule précise.

1.4. Présentation, représentation et interprétation d'un système formel

Une théorie mathématique ou logique comporte des propriétés, dont l'étude exige que l'on puisse la matérialiser sous une forme tangible, immédiatement accessible au regard. Or, l'instrument qui sert à cette matérialisation est la méthode de formalisation, qui prend essentiellement corps dans le formalisme : « Un formalisme se présente en effet comme un système de symboles soumis à des règles précises de manipulation : il apparaît comme un objet concret dont on peut étudier la structure de façon exhaustive »[66]. Au moyen du formalisme, on arrive à représenter une théorie mathématique que l'on compte étudier : « Si l'on réussit à représenter la théorie mathématique que l'on désire étudier au moyen d'un système formel, on ramène l'étude des propriétés de cette théorie à l'étude des propriétés de ce système formel, et on peut ainsi obtenir des résultats d'une rigueur tout à fait satisfaisante »[67]

Ce texte indique avec beaucoup de clarté le rôle dévolu à un système formel. Ainsi, pour Jean Ladrière, un système formel est « tout simplement un langage artificiel muni de procédures qui permettent de classer les sentences (formulables dans le langage en question) en deux classes, celle des sentences vraies et celle des

---

[64] J. LADRIÈRE, *L'articulation du sens.* I., p. 27.
[65] D. JAMEUX, « Symbole », p. 495, col. 2.
[66] J. LADRIÈRE, *Les limitations internes des formalismes,* p. VIII.
[67] *Ibid.*

sentences fausses »[68]. Mais au-delà de ces procédures, un système formel permet de représenter un objet mathématique et d'en dégager la structure à l'aide de symboles. Il ouvre ainsi la voie à l'intuition sensible du signe et rend effective l'adéquation entre la visée percevante et son objet.

En tant que tel, il est constitué de signes qui permettent de le présenter, de le représenter et de l'interpréter. Cela étant, Jean Ladrière prend soin de distinguer les termes « présentation », « représentation » et « interprétation ». Ainsi écrit-il à propos du premier terme : « Une *présentation* d'un système est un ensemble de symboles au moyen desquels le système est formulé »[69]. Ce qui suppose que les symboles ou les signes constituent des éléments essentiels dans la formulation d'un système formel. De ce point de vue, on ne peut s'en passer d'autant plus qu'ils sont des éléments de base sans lesquels un système formel ne peut être formulé. On peut, par exemple, évoquer le cas des signes formels unitaires en mathématiques et en logique. Comme l'a bien noté Gilles Gaston Granger, le sens des signes, tels que « + », « ∫ » en mathématiques ou « V », « ≡ » en logique, n'est pas constitué par des renvois à une structure autonome d'oppositions et de corrélations susceptibles de correspondre à une phonologie. « Il est directement embrayé sur le système des syntagmes qui correspond au premier niveau d'articulation des langues naturelles »[70]. Mais à partir de ce premier niveau, on arrive à construire un second niveau, qui est tout à fait abstrait et qui nécessite un effort supplémentaire de l'esprit dans la mesure où le recours aux écritures symboliques permet de représenter des objets idéaux[71].

Cependant, un système formel, d'autant plus qu'il possède des entités, doit être représenté : « Une *représentation* d'un système est un ensemble d'entités dont on affirme les propriétés et relations exprimées par les sentences vraies du système »[72]. Cela revient à dire que les entités d'un système sont comme son contenu significatif. Elles permettent de le rendre valide et de le justifier dans la mesure où elles sont susceptibles de postuler des critères nécessaires à sa vérité.

---

[68] J. LADRIÈRE, *L'articulation du sens*. I., p. 27.
[69] *Ibid.* p. 28.
[70] G.-G. GRANGER, *Essai d'une philosophie du style*, p. 117.
[71] J. LADRIÈRE, *o. c.*, p. 53.
[72] *Ibid.*, p. 28.

Bien plus, un système formel est appelé à être interprété, c'est-à-dire qu'un système formel a besoin d'une interprétation pour être compris. Pour ce faire, « une *interprétation* d'un système est une correspondance entre les sentences du système et des énoncés relatifs à un domaine d'entités déterminées (énoncés pour lesquels on a des critères de vérité bien établis), telle que toutes les sentences vraies du système se trouvent associées à des énoncés vrais »[73]. Pour illustrer son propos, notre auteur donne l'exemple d'un système formel qui exprime la théorie de la relation d'ordination. Il essaie de faire correspondre aux sentences de ce système des énoncés de l'arithmétique ordinaire, en associant à une sentence élémentaire du type « L'objet indéterminé *x* est dans la relation R avec l'objet indéterminé *y* » (où R est le symbole qui désigne la relation d'ordination), l'énoncé arithmétique « Le nombre entier *a* est plus petit que le nombre entier *b* ». Il explique que dans une pareille correspondance, « toutes les sentences vraies de la théorie de la relation ordinale deviennent des énoncés arithmétiques vrais »[74].

On comprend, dès lors, qu'un système formel soit avant tout abstrait dans la mesure où il doit « être considéré comme l'abstraction de ses présentations, de ses représentations et de ses interprétations »[75]. Dans un système formel, un symbole a deux usages : il « peut être utilisé pour désigner un objet (fonction désignative) ou bien il peut être considéré comme étant lui-même un objet doué de certaines propriétés »[76]. Dans la description d'un système, les conditions de l'emploi des symboles permettent de préciser leur sens. On les utilise dans leur fonction désignative pour représenter les composantes primitives et les opérations du système. De ce point de vue, la présentation d'un système est « une formulation du système au moyen d'un choix particulier des symboles »[77].

Par ailleurs, un système est appelé à être concrétisé. Cela signifie que la concrétisation d'un système est ce au moyen duquel on arrive à mettre les composantes primitives en correspondance avec certains objets bien définis. À vrai dire, c'est dans cette concrétisation que « tous les théorèmes demeurent valables mais sont particularisés à

---

[73] J. LADRIÈRE, *L'articulation du sens.* I., p. 28.
[74] *Ibid.*
[75] *Ibid.*
[76] J. LADRIÈRE, *Les limitations internes des formalismes,* p. 42.
[77] *Ibid.*

une classe d'objets. On appelle représentation d'un système une correspondance biunivoque entre ses composantes primitives et une classe d'objets »[78].

Mais la mise en correspondance des propositions élémentaires d'un système avec une certaine classe d'objets exige « qu'aux propositions dérivables du système correspondent des énoncés vais. Une telle correspondance est une interprétation »[79]. Jean Ladrière note qu'une interprétation n'est pas nécessairement isomorphique alors qu'une représentation l'est toujours.

1.5. Le symbole : support d'une opération formelle

Ces indications étant données, il est commode de revenir au symbole. Celui-ci apparaît, en effet, comme une sorte de support qui permet à un système opératoire d'être constamment à l'œuvre et d'engendrer un sens. De ce point de vue, la symbolisation est synonyme de formalisation ou d'opération formelle en ce sens qu'un système opératoire « peut faire apparaître un sens en tant qu'il l'effectue »[80]. Par conséquent, les systèmes formels rendent légitime leur caractère tout à fait abstrait. Les symboles qu'un système formel utilise facilitent l'analyse des énoncés et des relations que ces énoncés impliquent. Ils permettent également de déterminer la catégorie à laquelle un objet quelconque appartient. Un énoncé mathématique tel, qui exprime une relation d'appartenance, peut être présenté, représenté et interprété de façon tout à fait formelle. Nous pouvons prendre, le cas échéant, un exemple comme celui d'un élément d'un ensemble : « L'élément déterminé a appartient à l'ensemble D ». Cette relation d'appartenance peut formellement être formalisée comme suit : « $a \in D$ ».

Autant dire que le symbole est également défini comme un instrument de désignation. En ce sens, il joue une fonction de « notation abréviative »[81] et donne à penser à une mise en œuvre des constructions d'entités rationnelles qui, au moyen de la notation abréviative, permettent de rendre possible l'effectuation des

[78] J. LADRIÈRE, *Les limitations internes des formalismes*, p. 42.
[79] *Ibid.*, p. 43.
[80] J. LADRIÈRE, « Sens et système », p. 823.
[81] J. LADRIÈRE, *L'articulation du sens*. I., p. 52.

opérations données[82]. En tant qu'instrument de désignation[83], il peut être employé à un double niveau. Dans un premier moment, nous rappelle Jean Ladrière, en se proposant de remplacer des expressions plus ou moins complexes du langage courant, il sert simplement à alléger les écritures. Ainsi, il ne fait que représenter des conventions de langage et d'écriture et manque d'intérêt intrinsèque. On pourrait noter, dans un second moment, que « le recours aux écritures symboliques commence à paraître indispensable dès qu'il s'agit de représenter des objets idéaux »[84]. Dans le domaine des mathématiques, par exemple, le cas des chiffres utilisés pour désigner les entiers successifs peut mieux illustrer cette situation indispensable dans la représentation des objets idéaux. Il y a là l'idée d'une connaissance typiquement rationnelle qui rend effectivement compte du déploiement de la raison dans la construction et la représentation de ces objets.

À vrai dire, on essaie de se contenter, de prime abord, de nommer les entiers successifs au moyen de mots du langage ordinaire ; et à ce niveau, le symbolisme n'apporte rien d'original. Dans le cas des chiffres qui désignent les entiers successifs, on commence par les nommer, et le symbole qui les représente sert de moyen de fixation de ce qui a été ainsi désigné. On peut, le cas échéant, prendre au hasard le chiffre zéro. Le symbole 0 qui représente un objet idéal désigne ainsi un chiffre donné et, en conséquence, sert effectivement de notation abréviative de ce chiffre,

---

[82] Nous pouvons, par exemple, utiliser le symbole « ≡ » pour désigner l'équivalence, ou le symbole « > » pour désigner la supériorité. En arithmétique, on peut se servir du symbole « + » pour indiquer qu'il s'agit d'une opération d'addition. Pour obtenir le chiffre 4, dans le cas de l'addition, on peut procéder à trois opérations : on aura, par exemple, 1+3 = 4, ou 2+2 = 4, ou encore 3+1= 4.

[83] En algèbre, par exemple, on recourt à l'addition dans plusieurs cas. On peut illustrer ce recours à l'addition dans le cas des lois de compositions où sont mis en exergue des couples susceptibles de constituer un ensemble donné. De ce point de vue, il peut exister, sur un ensemble donné, une loi de composition interne d'autant plus qu'à certains couples ordonnés de ses éléments, distincts ou non, on peut faire correspondre d'une façon unique un tel élément de cet ensemble. Nous pouvons emprunter à A. Lentin et J. Rivaud un exemple qui illustre bien cela. Soit un couple (a,b) d'éléments de E. On peut faire correspondre à ces éléments un élément c de E. En toute généralité on écrit $c = a * b$ et c est appelé le composé de a et de b. Pour plus de détails à ce propos, lire A. LENTIN – J. RIVAUD, *Éléments d'algèbre moderne*, 5e édition, Paris, Librairie Vuibert, 1963, p. 5.

[84] J. LADRIÈRE, *L'articulation du sens*. I., p. 53.

qui demeure en tout cas un objet idéal. Cela s'effectue dans l'écriture de tous les chiffres utilisés pour désigner tous les entiers successifs.

Il y a cependant, dans la suite de ces entiers, un aspect singulier qui, aux yeux Jean Ladrière, s'exprime par la clause « et ainsi de suite ». Ce disant, un problème au sujet du moyen d'assurer la représentation d'un domaine inépuisable d'individus se pose, et cela au moyen de procédés canoniques et sans complications excessives. Ce qui nécessite effectivement une solution. Pour Jean Ladrière, « la solution de ce problème tient en deux procédés : usage d'une base et convention de position »[85].

Concernant l'usage de la base, il convient d'indiquer que, quand bien même on utilise d'ordinaire la base 10, le choix de la base est évidemment arbitraire. En utilisant par exemple la base 2, Jean Ladrière explique qu'on peut noter tous les nombres entiers au moyen de deux symboles seulement, 0 et 1. Ceci postule le moyen à partir duquel on peut représenter un nombre donné : « Un nombre quelconque sera représenté au moyen d'une somme (finie) de termes, qui sont des multiples des puissances successives de la base. L'écriture ordinaire ne retient que les coefficients de ce développement et la position d'un chiffre correspond à la puissance de la base dont il est le coefficient dans ce développement »[86].

Nous pouvons évoquer le cas de la base 10 dans la procédure de représentation d'un nombre. Le nombre 225, par exemple, peut être représenté, en base 10, par la notation : $2.\ 10^2 + 2.\ 10^1 + 5.\ 10^0$. Il s'ensuit que la notation ordinaire, 225, retient seulement les coefficients de cette représentation, avec l'ordre dans lequel ils apparaissent dans cette représentation. En procédant à une autre opération de l'arithmétique, en l'occurrence la division, on se rend compte que ces coefficients sont les restes des divisions successives qu'on peut pratiquer en partant du nombre 225. En divisant 225 par 10, on a pour résultat 22 et pour reste 5 ; en divisant 22 par 10, on a pour résultat 2 et pour reste 2 ; et en divisant 2 par 10, on a pour résultat 0 et pour reste 2. Autant dire qu'il y a une équivalence entre des représentations dans la mesure où elles correspondent toutes au même objet.

Le cas des nombres rationnels, qu'on présente souvent sous la forme de fractions, corrobore cette analyse : « Un nombre rationnel

---

[85] J. LADRIÈRE, *L'articulation du sens*. I., p. 153.

[86] *Ibid.*

est un couple ordonné d'entiers »[87]. Le rationnel 2/3, par exemple, est tout simplement le couple ordonné (2,3). Selon le philosophe et mathématicien belge, on peut également représenter ce nombre rationnel au moyen du couple (4,6) ou du couple (6,9). « Ce nombre rationnel lui-même est en quelque sorte ce qu'il y a de commun à toutes ces représentations. On dira, en général, qu'un nombre rationnel est la classe des couples ordonnés d'entiers (a, b) (a et b entiers) équivalents par la relation *ab'= ba'* »[88]. Il ajoute : « On reconnaît dans cette relation la condition pour que les fractions *a/b* et *a'/b'* soient égales »[89]. Il illustre cela à partir d'un exemple déjà donné ici. Ainsi on a 2.6 = 4.3, 2. 6 = 3,6. C'est l'arithmétique qui est mise en exergue à ce niveau.

On le voit, notre auteur souligne que le symbole, en tant qu'instrument de désignation, est à la fois nécessaire et inessentiel. « Il est nécessaire, car il est le seul moyen dont on dispose pour dénoter un être tel qu'un nombre rationnel, défini lui-même en termes d'objets dont l'existence est déjà assurée, et constituant donc un objet du second degré. Et il est inessentiel car une infinité de représentations sont possibles »[90]. De la sorte, « le symbole est nécessaire comme symbole, dans sa nature générique, mais inessentiel dans sa spécificité, en tant qu'il est tel symbole »[91]. Stephen Kleene est de cet avis : « Mettre une équation en symboles ne représente pas seulement une importante économie d'écriture ; cela est utile pour les manipulations (si on transpose les termes : par exemple x + 5 =2 donne x = 2-3, et x = -3), lesquelles, quoique justifiées par le sens, sont en pratique effectuées rapidement sans qu'on s'arrête à penser chaque fois les raisons qui les légitiment »[92].

L'approche du concept de désignation que Jean Ladrière développe « fait déjà apparaître l'aspect opératoire qui appartient en propre au symbolisme formel »[93]. En fait, en se proposant d'engendrer les nombres entiers dans l'acte de les nommer ou de les désigner, on le fait naturellement au moyen de symboles. Jean Ladrière illustre ce fait par un exemple en ce qu'on peut se donner au

---

[87] J. LADRIÈRE, *L'articulation du sens.* I., p. 54.
[88] *Ibid.*
[89] *Ibid.*
[90] *Ibid.*, p. 54-55.
[91] *Ibid.*, p. 55.
[92] S.C.KLEENE, *Logique mathématique*, trad. Jean Largeault, Paris, Armand Colin, 1971, p. 207.
[93] J. LADRIÈRE, *o. c.*, p. 55.

départ un nombre non défini, *o*, un prédicat non défini, *S*, et une opération, l'application du prédicat S à un terme. Et pour lui, par terme, il convient d'entendre une expression du type *SS... So*. Il précise que l'objet 0 correspond au *zéro* ordinaire, et le prédicat *S* correspond à la notion de *successeur de*. Il souligne également que le sens précis des symboles *o* et *S* devra ordinairement être fixé au moyen d'axiomes appropriés. Selon lui, en appliquant le prédicat *S* à l'objet *o*, au moyen de l'opération d'application, puis en appliquant à nouveau le prédicat *S* au terme ainsi obtenu, et ainsi de suite, on obtient une suite illimitée d'objets dans lesquels on reconnaît les nombres entiers : *o, So* (successeur de *o*, donc 1), *SSo* (successeur du successeur de *o*, donc 2), et ainsi de suite[94]. Il s'ensuit, dès lors, qu'à ce niveau, les « symboles ordinaires (o, 1, 2, 3...) deviennent maintenant simplement des abréviations pour des expressions du type *SS... So*. Nous avons ici un procédé régulier d'engendrement, basé sur l'itération d'une certaine opération, que l'on peut répéter autant de fois qu'on le désire, qui est, en d'autres termes, indéfiniment répétable. On retrouve, dans l'itérabilité de l'opération d'application (du prédicat *S*), l'infinité caractéristique de la suite des entiers »[95].

1.6. Le sens d'un prédicat

Quel est alors le sens d'un prédicat ? Pour Jean Ladrière, le sens d'un prédicat n'est autre chose que « son contenu significatif, c'est la modalité selon laquelle il permet de viser le (ou les objets) auquel (ou auxquels) il peut être appliqué ou dont il peut être nié »[96]. Nous pouvons également prendre en compte ce que les mathématiciens appellent le symbole de constantes. Ce symbole désigne un objet précis, appelé sa valeur. C'est le cas, par exemple, de 0, de 1, de N.

On peut toutefois noter que les symboles que les sciences formelles utilisent revêtent une signification déterminante d'autant plus qu'ils permettent à la fois de représenter les objets et de les interpréter. On peut évoquer, à tout le moins, les opérateurs logiques qui, en tant que symboles, jouent un rôle particulièrement indispensable dans le processus de signification des énoncés. Ainsi,

---

[94] J. LADRIÈRE, *L'articulation du sens*. I., p. 55.
[95] *Ibid.*
[96] J. LADRIÈRE, « Langage scientifique et langage spéculatif », p. 96.

un opérateur logique comme l'équivalence, symbolisé graphiquement par ($\equiv$) permet de marquer la possibilité d'un système d'équivalences. On peut illustrer cette possibilité dans un exemple simple : des propositions $(p \equiv q) \equiv (r \equiv q)$ peut résulter la proposition $(p \equiv r)$. Cette relation d'équivalence permet de rendre possible une proposition du même type. Dans le cas de cet exemple, on constate que l'opérateur d'équivalence, qui met en relation deux propositions, permet de mettre sur pied un troisième élément qui équivaut à la fois au premier et au deuxième élément. L'élément r, qui est fourni dans la deuxième proposition, équivaut à l'élément p de la première proposition et permet de former une troisième proposition où ces deux éléments s'équivalent[97].

À côté des signes, les sciences formelles emploient aussi des concepts dans le processus de construction, de découverte, de présentation, de représentation et d'interprétation de leurs objets. On pourrait dire que le sens et la signification des objets des sciences formelles deviennent davantage opératoires au moyen des concepts que ces sciences emploient et communiquent leur savoir.

[97] Il y a certes une dimension herméneutique dans les sciences formelles, comme l'a souvent mentionné Jean Ladrière. Cette dimension trouve son importance au sein de ces disciplines scientifiques dans la mesure où les objets que ces dernières construisent sont appelés à être interprétés et leur explication nécessite le recours à un langage interprétatif. C'est dans cette perspective que la problématique du sens et de la signification pourrait se justifier dans l'étude des sciences formelles.

CHAPITRE II
CONCEPTS OPÉRATOIRES DES SCIENCES PURES

Les sciences pures construisent leurs connaissances par ces concepts. Mieux, leurs connaissances sont des connaissances par construction rationnelle de concepts. Et les opérations qu'on y effectue utilisent des concepts dont la portée dépend non seulement de l'évolution théorique de ces sciences, mais aussi de leur souci de projeter une lumière intelligible sur leur objet.

Les concepts sont des objets théoriques, mais ils ont une incidence dans la réalité concrète. Ils sont titrés soit de la langue usuelle, soit de la langue formelle, qui est essentiellement artificielle. Ils servent à décrire et à interpréter les objets et les systèmes formels, à partir desquels on arrive à traduire les axiomes et les théorèmes dans un langage compréhensible. Ils rendent compte de l'intelligibilité des théorèmes et permettent d'étudier leur signification dans le développement des sciences pures.

2.1. Portée des concepts opératoires des sciences formelles

La construction de concepts opératoires s'effectue dans un cadre purement formel dans la mesure où la science « ne peut se constituer que dans un univers symbolique »[98]. On peut même dire que cet univers repose sur la raison. Le processus de symbolisation demeure un lieu où la raison est à l'œuvre d'autant plus que la symbolisation implique et suppose au départ un exercice typiquement de fixation. Or un tel exercice est profondément et

[98] G.-G. GRANGER, *Essai d'une philosophie du style*, p. 21.

fondamentalement rationnel. En ce sens, même le processus de signification des symboles appelle une mise en œuvre de la raison.

Dans un article de 1946, consacré essentiellement aux rapports entre « Concepts scientifiques et idées philosophiques », Jean Ladrière écrivait :

> La portée d'un concept dépend en effet non seulement de sa place dans l'évolution théorique d'une science, non seulement de sa situation par rapport aux conditions subjectives de l'élaboration conceptuelle, mais aussi de la situation particulière de la science dans laquelle il intervient, situation qui dépend à la fois de l'objet de cette science et de la lumière intelligible qu'elle projette sur cet objet[99].

L'idée directrice qui se trouve exprimée dans cet extrait pourrait n'être prise que comme un poteau indicateur à partir duquel on peut examiner et déterminer le sens d'un concept : elle indiquerait alors que la valeur d'un concept dépend principalement de la nature de la science dans laquelle il intervient. Nous voudrions examiner la portée des concepts opératoires dans les sciences formelles et y indiquer leur place dans la mesure où nous considérons que la lumière intelligible que ces sciences projettent sur leur objet permet de rendre compte de la construction de leurs langages. Le niveau d'intelligibilité de ces sciences se rend également manifeste au moyen des concepts qu'elles élaborent et qu'elles emploient[100].

---

[99] J. LADRIÈRE, « Concepts scientifiques et idées philosophiques », Extrait de L. DE RAEYMAEKER, *La relativité de notre connaissance*, Causeries tenues en 1945-1946 au Centre Universitaire Féminin, Louvain, Éditions de l'Institut Supérieur de Philosophie, 1946, p. 103-104.

[100] Comme l'a fait remarquer Gilles Gaston Granger, l'épistémologie voudrait interpréter la connaissance scientifique en acte par une analyse des œuvres, traces tangibles dont le philosophe peut s'efforcer de dégager la structure. « À partir de cet examen des œuvres, elle voudrait alors déterminer le *sens* des concepts créés par la pensée scientifique, grâce à une étude comparative des situations et des fonctions assignées à des concepts analogues apparus dans des champs d'objets distincts et à des étapes différentes de leur histoire ». G.-G. GRANGER, *Leçon inaugurale faite le Vendredi 6 mars 1987,* Paris, Collège de France, 1987, p. 7-8. Plus de quarante ans plus tôt, Jean Ladrière a donné les mêmes indications en des termes presque similaires, dans un article évoqué ici. Il donne une étude comparative du concept de causalité en science et en philosophie tout en précisant que ce concept a des sens tout à fait différents selon qu'il est utilisé en philosophie et en physique. Cette situation donne à penser. On pourrait même se demander si cela est un fait de hasard que ces deux philosophes, qui sont aussi des mathématiciens, aient les mêmes intuitions ou expriment les mêmes idées. C'est à ce genre d'exercice que nous nous livrons

2.2. Spécificité des concepts des sciences pures

Les concepts que les sciences pures utilisent peuvent être tirés soit de la langue usuelle, soit de la langue artificielle qu'elles construisent. Dans le second cas, il s'agit tout simplement d'une langue formalisée qui fonctionne correctement dans un système formel en tant que celui-ci « se présente comme un instrument d'expressions et d'une forme particulière : il permet de former des expressions et de les enchaîner selon des règles précises. Il constitue une langue d'un type spécial, une langue formalisée »[101]. Les concepts utilisés caractérisent cette langue. On peut évoquer le cas des concepts tels qu'addition, constante, division, domaine de définition, équation, facteur, fonction, multiplication, opération, relation, soustraction, variable, etc.

Pour Jean Ladrière, un système formel « peut être considéré comme un objet dont on étudie les propriétés : on doit se servir dans ce but d'une autre langue dans laquelle on dispose de termes pour désigner les éléments du système. C'est ainsi qu'on est amené à distinguer langue-objet et métalangue »[102]. La langue-objet est la langue formalisée. Mais on n'arrive à construire cette langue qu'en se servant de la langue usuelle, à laquelle on adjoint des symboles. « La façon la plus immédiate de procéder, c'est de prendre comme métalangue la langue usuelle, en y adjoignant certains symboles pour désigner les éléments du système (par exemple, on pourra prendre les symboles du système placés entre guillemets) »[103]. La langue usuelle permet de décrire les caractères d'un système et de l'interpréter.

Les langages des sciences formelles demeurent constamment dominés par les symboles. Ceux-ci constituent ce à partir de quoi se construisent les systèmes formels. On pourrait dire, dans cette perspective, que les langages de ces sciences sont purement symboliques, donc formels. En un sens, les sciences formelles développent un langage symbolique sur lequel elles fondent leurs propositions. Il y a un lien indissociable entre langage symbolique et mathématiques : « Pour les mathématiques, le langage fait encore

---

également afin de montrer la place qu'occupent les concepts créés par les sciences formelles et leur portée.

[101] J. LADRIÈRE, *Les limitations internes des formalismes*, p. 51.

[102] *Ibid.*

[103] *Ibid.*

plus directement partie intégrante de l'activité scientifique : on pourrait, modifiant la définition kantienne, qualifier les mathématiques de science "par construction du langage" »[104]. Cela donne à penser que l'activité mathématique s'effectue au moment même où l'objet mathématique se découvre et se construit et s'accompagne d'un langage dans lequel cet objet est censé être désigné ou nommé. On peut ajouter qu'il s'accompagne du langage dans lequel il devient possible de le comprendre et de l'interpréter. La particularité des vues de Jean Ladrière, en ce qui concerne le langage des sciences exactes, a été de montrer leur dimension herméneutique. C'est dans cette perspective qu'il a étudié la signification du théorème de Kurt Gödel et des théorèmes apparentés dans la théorie des fondements des mathématiques tout en indiquant et en précisant les limitations internes des formalismes qui les caractérisent et constituent un critère essentiel dans leur élaboration.

La notion de limitation interne des formalismes prend appui sur les théorèmes logico-mathématiques élaborés par Kurt Gödel, Gerhard Gentzen et tant d'autres mathématiciens[105]. Ces théorèmes « consistent en la démonstration qu'il n'est pas possible d'établir au sein même d'un langage formalisé la démonstration de la non-contradiction de ce même langage. Autrement dit : tout système logico-mathématique non contradictoire comprend des énoncés indécidables parmi lesquels on trouve toujours l'affirmation de la non-contradiction du système, affirmation qui ne peut être éventuellement démontrée que dans un métalangage »[106]. Selon Jean-François Malherbe, une des limitations internes des langages formels est « de ne pouvoir exposer eux-mêmes la démonstration de leur propre non-contradiction, démonstration qui ne peut être donnée que par le truchement de langages d'ordre supérieur »[107].

---

104 G.-G. GRANGER, *Essai d'une philosophie du style*, p. 22.

105 On ne le dira jamais assez, l'originalité de Jean Ladrière consiste en ceci qu'en inventant le concept de limitation, il invite à la prise de conscience des limites de l'entreprise de la raison, qui cesse d'être toute puissante et abandonne sa prétention à effectuer une fondation absolue des mathématiques.

106 J.-F. MALHERBE, « Jean Ladrière. Des limitations internes aux espérances de la raison », in *Laval théologique et philosophique*, vol. 57, n° 3 (octobre 2001), p. 416.

107 *Ibid.*

2.3. Place des concepts dans l'interprétation d'un système formel

Nous avons tenté d'indiquer le sens et la signification des symboles utilisés dans les sciences formelles. Ce point se donne pour tâche de rendre compte de la portée des concepts opératoires dans les sciences formelles et prend en compte le rôle de la création d'un langage formel. Une question peut pourtant se poser : y a-t-il des concepts dans un système formel ? Et quelle en est la portée ? Jean Ladrière explique que, d'une certaine manière, il n'y a pas de concepts dans un système formel pur, qui est une théorie entièrement formalisée. Mais il précise qu'un tel système reste inutilisable si sa métathéorie n'est pas connue. En fait, c'est « la métathéorie d'un système formel qui nous explique comment le système fonctionne, par exemple quel type de déduction il autorise ; de même, c'est la métathéorie qui nous indique quelles sont les interprétations possibles du système et, par-là, quelles sont les significations que l'on peut attacher aux expressions du système »[108]. D'où la nécessité des concepts susceptibles de permettre d'interpréter un système formel. Cette nécessité exige de prendre en compte le caractère propre d'un langage formel. Il y a donc une invention linguistique dans ces disciplines scientifiques. Considérant plus particulièrement le cas des mathématiques, Gilles Gaston Granger écrit : « La création d'un langage mathématique n'est pas seulement un événement extérieur au développement de la science. Elle est à la fois liée au contenu de la connaissance mathématique, et aux conditions qui en constituent l'infrastructure »[109].

L'étude métathéorique d'un système permet d'« introduire des concepts qui représentent les entités constitutives du système (symboles, expressions complexes, règles, figures de déduction, etc.) et leurs propriétés »[110]. Cette introduction des concepts est un élément essentiel d'autant plus qu'elle rend possible l'interprétation du système en question. Interprétation qui n'est possible que parce qu'elle est le produit d'une invention linguistique précise. On peut évoquer plus exactement dans le cadre des mathématiques, la rencontre entre l'univers formel et le système des actes concrets qui

[108] J. LADRIÈRE, *L'articulation du sens.* I., p. 28.
[109] G.-G. GRANGER, *Essai d'une philosophie du style*, p. 22.
[110] J. LADRIÈRE, *o.c.*, p. 28.

constituent les rapports des hommes entre eux et avec le monde, rencontre que cette invention linguistique rend possible : « Une invention "linguistique" en ce domaine se trouve en quelque sorte située au point de rencontre de l'univers formel qui est la mathématique réalisée, et du système des actes concrets qui constituent les rapports des hommes entre eux et avec le monde »[111]. On pourrait dire, de proche en proche, que c'est l'interprétation qui clarifie et détermine l'intérêt d'un système formel.

Sans doute Jean Ladrière a-t-il raison de nous rappeler avec élégance et gentillesse la fonction de l'interprétation dans ce contexte : « Toute interprétation d'un système met celui-ci en relation avec un certain domaine d'objets, réels ou idéaux »[112]. Cette note nous permet d'insinuer qu'un système formel demeure peu intéressant aussi longtemps qu'il n'est pas interprété. En un sens, pour interpréter un système formel, le recours aux concepts s'impose à l'esprit. Ainsi tout système formel, pour se rendre clair et efficace, est censé se servir des concepts qui caractérisent les domaines d'objets qu'on étudie. Jean Ladrière le souligne bien : « Les énoncés relatifs à ces domaines s'expriment au moyen de concepts »[113]. Ils rendent claire la démarche des sciences formelles. En considérant, par exemple le cas des mathématiques, on peut, à la suite de Herman Günther Grassmann, soutenir que « la démarche mathématique progresse des concepts les plus simples aux concepts les plus composés et obtient ainsi, par la liaison du particulier, des concepts nouveaux et plus généraux »[114].

En mathématiques, peut-on insister, il y a insertion du formel dans un ensemble d'actes linguistiques. Mais aux yeux de Gilles Gaston Granger, cette insertion est particulièrement délicate. Elle connaît une singularisation en ce sens qu'elle ne peut se développer vraiment que par l'écriture qui rend le mieux compte des objets et des propriétés d'objets structuraux. Mais on se sert des langues naturelles tout simplement pour décrire ces objets structuraux et leurs propriétés. À ce sujet, Gilles Gaston Granger écrit : « On dira : "La somme des carrés des côtés d'un triangle rectangle est égale..." pour décrire ce que *montre* directement la structure figurée du

---

[111] G.-G. GRANGER, *Essai d'une philosophie du style*, p. 22.

[112] J. LADRIÈRE, *L'articulation du sens*. I., p. 28-29.

[113] *Ibid.*, p. 29.

[114] G. CHÂTELET, *Les enjeux du mobile. Mathématique, physique, philosophie*, Paris, Seuil, 1993, p. 158.

symbolisme : $a^2 = b^2 + c^2$. Mais dès que les propriétés structurales dépassent un certain degré de complexité, leur description devient si pénible à comprendre que toute manipulation, toute analyse, toute démonstration s'en trouvent paralysées »[115].

L'idée fondamentale est d'indiquer, en revanche, qu'il arrive certainement que les données descriptives propres aux langues naturelles facilitent, par leur apport, l'intelligence des formules, mais la science mathématique ne s'exprime pas totalement en un langage linéaire comme l'est la chaîne parlée, et même en un langage strictement unidimensionnel. Les mathématiques construisent une écriture multidimensionnelle, qui met sur pied un lexique suffisamment volumineux en vue de rendre toute propriété figurée correspondant à l'une des combinaisons des marques successives susceptibles d'apparaître au long de la chaîne. Cette écriture multidimensionnelle a pour privilège non pas d'être une condition transcendantale de l'objectivation des structures, mais d'être un fait de style.

Pour les systèmes formels étudiés jusqu'ici, les interprétations se réfèrent adéquatement à des domaines logiques et mathématiques. Il est évident que les concepts qui servent à les caractériser, se réfèrent à des entités tout à fait idéales. En ce qui concerne la logique, « il s'agit du discours et des différentes formes de raisonnement. Dans le cas des mathématiques, il s'agit des objets idéaux dont traitent précisément les disciplines mathématiques[116] : nombres, ensembles, structures algébriques, espaces, et ainsi de suite »[117]. On connaît le rôle que jouent les théories mathématiques et les concepts qu'elles utilisent dans la production des champs opératoires : « Une théorie mathématique fournit un champ opératoire à l'intérieur duquel il est possible de donner un contenu précis à des concepts qui ne sont d'abord que de simples esquisses indicatives »[118]. Nous pouvons ajouter que les concepts des sciences formelles sont des termes théoriques. De ce point de vue, la théorie apparaît comme ce qui

---

[115] G.-G. GRANGER, *Essai d'une philosophie du style*, p. 22-23.

[116] Comme nous l'indiquerons un peu plus loin, la science mathématique recouvre ou renferme une gamme de branches en son sein. Chaque branche s'occupe d'une étude spécifique qui la caractérise, ou plus exactement, a un objet spécifique d'étude. Ainsi on y trouve l'arithmétique, la géométrie, l'algèbre, la topologie, l'algorithme, etc.

[117] J. LADRIÈRE, *L'articulation du sens*. I., p. 29.

[118] J. LADRIÈRE, « Langage scientifique et langage spéculatif », p. 260.

constitue l'espace dans lequel on peut faire jouer le concept et le rendre ainsi capable de décrire et d'expliquer un système donné.

2.4. Les concepts sont des objets rationnels

Il convient de souligner que des concepts sont des objets abstraits ou des termes mentaux. Dans cette perspective, on pourrait considérer que des concepts tels que nombre, lois, relations, ensemble, dimension, structure, axiome, groupe, corps, utilisés en mathématiques sont des objets abstraits ou des termes mentaux, et en conséquence, rationnels. Cependant ces concepts décrivent des objets à la fois rationnels et visibles. Ainsi, un concept tel que celui de nombre se retrouve dans cette situation : « Le nombre, en effet, par son essence, se tient entre l'intelligible et le visible »[119]. Cette double dimension du nombre le caractérise : « Il n'est pas pure idée puisqu'il est indéfiniment multipliable et ne possède donc pas la simplicité absolue de l'idée. Il n'est pas non plus chose sensible puisqu'il est principe d'organisation du sensible et se laisse penser en dehors des réalités qu'il sert à nombrer »[120]. Cela se rend le plus souvent manifeste, en arithmétique, plus particulièrement dans l'opération de la multiplication.

Ce qui est dit de la multiplication peut s'étendre et s'appliquer à d'autres opérations de l'arithmétique. À ces concepts s'ajoutent des quantificateurs, qui peuvent être soit universel, soit existentiel. Ils sont construits pour représenter des objets et déterminer leur nature. Cependant, pour faire sens, ils sont appelés à prendre corps dans des concepts opératoires bien précis, lesquels permettent à ceux qui les utilisent d'avoir une idée fixe sur ce à quoi ces objets renvoient

---

[119] J. LADRIÈRE, *L'articulation du sens.* I., p. 199.

[120] *Ibid.* Il est peut-être important de mentionner un fait intéressant dans le processus ou les mécanismes d'apprentissage des nombres et du comptage par les enfants. Ces mécanismes mettent en exergue cette double dimension du nombre dans la mesure où l'effort d'abstraction s'effectue au même moment que celui de fixation. Les enfants parviennent à saisir la notion de nombre à partir des objets sensibles qu'on leur montre et qui leur permettent de créer des mécanismes de représentation rationnelle à partir de ce qui est visible. Ainsi, la fixation symbolique est comme un instrument qui leur permet de faire correspondre ce qu'ils saisissent à partir de ce qu'ils voient. C'est dans cette perspective que l'apprentissage du comptage et la fixation symbolique du chiffre auquel un concept précis renvoie s'effectuent. On pourrait noter une simultanéité des opérations à ce stade.

effectivement. Dans l'exemple $\forall x//x \in A$, le quantificateur universel indique que x désigne tout élément donné qui est susceptible d'appartenir à l'ensemble A. On pourrait élargir cet exemple en utilisant le quantificateur existentiel. Dans ce cas, on peut avoir : $\exists x// x \in A$.

Des théories qui se développent en mathématiques, par exemple, reposent sur des concepts au moyen desquels on les explique. C'est dans cette perspective que l'on peut évoquer la théorie des ensembles tout comme la théorie des modèles. Sylvain Poirier note que la théorie des ensembles « étudie les objets mathématiques, des plus simples aux plus complexes comme les systèmes infinis (dans un langage fini). Mais il y a une diversité (potentiellement infinie) de théories des ensembles possibles (non équivalentes) »[121]. Quant à la théorie des modèles, il souligne que celle-ci est « la théorie des théories avec leur formalisme (les règles du langage mathématique : structure des formules comme systèmes de symboles, règles de démonstration), et des systèmes (mondes), appelés modèles, pouvant constituer leur objet d'étude (leur signification) »[122]. Elle est essentiellement unique, donnant une signification claire et définitive aux concepts de théorie et de théorème de chaque théorie[123]. Comme on le verra dans la suite, ces deux théories dominent le cycle des fondements des mathématiques, cycle véritablement fondateur, dont les parties sont riches de notions utiles dans les différentes branches des mathématiques.

Il résulte de ces considérations que les sciences formelles ont procédé à la création de concepts qui les rendent opératoires. On pourrait dire que ces concepts relèvent d'un langage artificiel, qui est construit et qui, en un sens, est un langage dérivé. En d'autres termes, c'est un langage formalisé. Ce langage, il faut bien le préciser, repose sur des règles, qui « sont posées de façon explicite et complète et les expressions sont engendrées par application explicite (et volontaire) des règles »[124]. Cependant le problème du rôle de ces concepts se pose : le rôle des concepts mis en jeu dans les sciences formelles est-il simplement descriptif, peut-il également être explicatif ? Il est clair que les concepts opératoires des sciences formelles ont avant tout un

---

[121] S.POIRIER, *Fondements des mathématiques,* disponible sur http://fr.www.google.math1.org, p. 2, consulté le 17.11.2013, à 14 :35 :56.

[122] *Ibid.*

[123] *Ibid.*

[124] J. LADRIÈRE, *L'articulation du sens.* I., p. 18.

rôle descriptif dans la mesure où ils décrivent les objets que ces sciences étudient. Mais il convient, dans une certaine mesure tout au moins, de « leur reconnaître une vertu explicative »[125]. Vertu qui transparaît essentiellement à tout le moins dans le cas de la logique combinatoire d'autant plus que ses concepts expliquent les paradoxes. Comme le fait remarquer Jean Ladrière, « les paradoxes sont des situations purement logiques, qui peuvent être représentées dans un formalisme »[126]. En mesure que ces représentations formelles nécessitent une explication, il est clair que l'explication, à ce niveau, consiste « à faire jouer un autre formalisme, qui est fondateur par rapport au premier »[127]. Le logicien belge soutient plus concrètement que les concepts logiques que l'explication met en œuvre « peuvent être représentés dans un formalisme approprié, qui clarifie les situations dans lesquelles se produisent des paradoxes »[128].

Ce rôle explicatif des concepts évoqué en logique se retrouve également dans le domaine des mathématiques. Le cas de la notion topologique de dimension est illustratif. En fait, aux yeux du mathématicien belge, cette notion topologique de dimension « permet d'expliquer pourquoi il n'y a pas plus de points dans un carré que dans l'un de ses côtés, ou dans un cube que dans un carré »[129]. Notre auteur poursuit en indiquant que cette situation est celle qui apparaît dans la théorie des ensembles. Ainsi faut-il l'expliquer. En procédant à l'explication de cette situation, « l'apparent paradoxe est éliminé grâce au concept de dimension et à la théorie correspondante »[130]. De même, la notion de groupe « a permis d'expliquer pourquoi l'équation générale du cinquième degré n'est pas résoluble par radicaux »[131].

Nous pouvons relever la portée et la fécondité des concepts dans l'explication des structures. Nous pouvons conclure à partir de là que les concepts des sciences formelles, à côté du rôle descriptif qui leur est reconnu, peuvent jouer un rôle explicatif. Ce rôle explicatif est simultané au rôle descriptif. Les concepts des sciences formelles expliquent en même temps qu'ils décrivent dans la mesure où, « à y

---

[125] J. LADRIÈRE, *L'articulation du sens*. I., p. 29.
[126] *Ibid.*
[127] *Ibid.*
[128] *Ibid.*
[129] *Ibid.*
[130] *Ibid.*
[131] *Ibid.*

regarder de plus près, on s'aperçoit qu'ils expliquent en décrivant. L'explication, en effet, se fait par dégagement d'une structure plus générale »[132]. Ce qui nous conduit à considérer que l'esprit se retrouve comme obligé de recourir au concept afin de saisir et de caractériser la structure de l'objet d'étude. En un sens, le concept est de portée majeure dans le processus de saisie et de signification de la structure que l'esprit étudie. Il en découle que le « concept est le moyen grâce auquel l'esprit saisit et caractérise cette structure. Il ne fait en somme que décrire la structure qui donne la clé de la situation à expliquer »[133]. Ce double aspect du concept s'effectue dans une démarche rigoureuse.

Nous pouvons reconnaître au concept une dimension de savoir qu'il renferme dans la mesure où il est capable de décrire et d'expliquer. En fait, un savoir conceptuel n'est pas simplement la reproduction d'un donné matériel qui se présente à nous de l'extérieur, mais il est « une mise en forme et une transformation »[134]. La science, en utilisant des concepts qui désignent des objets précis, opère des choix et les organise de façon tout à fait critique. Les concepts scientifiques sont produits par la pensée et contiennent en eux-mêmes la caractéristique et la règle susceptibles de leur donner consistance et nécessité. Il convient de rappeler que le cadre dans lequel se déploient ces concepts est avant tout du ressort du travail intellectuel qui, note Ernst Cassirer, « nous fait activement passer d'éléments fondamentaux bien précis à des conclusions et à des rapports conditionnels de plus en plus complexes »[135]. En ce sens, les concepts de la science sont « des symboles des arrangements et des liaisons fonctionnelles au sens du réel effectif »[136]. C'est dans cet ordre d'idées que les concepts opératoires en sciences formelles se laissent saisir. Ils mettent en jeu la déduction et l'explication.

---

132 J. LADRIÈRE, *L'articulation du sens.* I., p. 30.

133 *Ibid.*

134 E. CASSIRER, *Le problème de la connaissance dans la philosophie et la science des temps modernes.* 1. *De Nicolas de Cues à Bayle,* Trad. René Fréreux, Paris, Cerf, 2004, p. 15.

135 *Ibid.*, p. 16.

136 *Ibid.*

2.5. Conceptualisation, déduction et explication

L'esprit, pour atteindre le savoir, forge un outil qui lui donne la capacité et la constance nécessaires. Il se fraie un chemin qui « se détourne des objets vers les concepts, car c'est en ceux-ci qu'il faut d'abord apercevoir la vérité de l'étant, avant même de pouvoir chercher à en comprendre la forme et la particularité empiriques »[137]. Cette voie empruntée par l'esprit se trouve comme à la naissance, mieux, à la fondation de la démarche déductive.

En fait, la démarche déductive conduit l'esprit à l'évidence de ce qu'il envisage. En ce sens, l'esprit arrive au fur et à mesure à une sorte d'exactitude de ce qu'il effectue. L'effectuation sous-tend une mise sur pied des règles qui mènent à la concaténation des éléments rationnels et abstraits. Cette concaténation consolide et systématise toute l'œuvre de l'esprit en ce domaine et établit des principes de validation des éléments ainsi postulés. Ces principes de validation sont immanents aux démarches effectives, « ils doivent être progressivement dégagés de celles-ci par un effort spécifique de thématisation »[138]. La thématisation se trouve comme obligée de se rendre claire et opérante lorsqu'elle se sert des concepts dans lesquels elle s'articule. Il y a donc un vocabulaire de base au moyen duquel le processus de thématisation se rend effectif.

La notion de non-contradiction joue un rôle indéniable dans le développement des sciences formelles. Elle doit sa formulation à la notion de démonstration qui s'appuie sur des processus de construction d'axiomes et de règles de leur validité. Il y a, en un sens, un effort d'élucidation et une exigence de clarification en mesure qu'il faut démontrer que des axiomes que l'on met en œuvre résistent à la contradiction. Jean Ladrière, dans une étude ingénieuse, a indiqué, à partir de cette notion, que les formalismes ont effectivement des limitations internes[139]. De l'idée de démonstration de non-contradiction est née une notion de portée significative dans les sciences formelles, c'est la notion de dérivation. Cette notion, pour

---

[137]E. CASSIRER, *Le problème de la connaissance dans la philosophie et la science des temps modernes.* 1., p. 239.

[138] J. LADRIÈRE, « Sciences et discours rationnel », p. 551, col. 3.

[139] Pour plus de détails à ce sujet, lire J. LADRIÈRE, *Les limitations internes des formalismes.* Cette étude indique qu'il y a, dans les sciences formelles, une dimension herméneutique en ce sens que les systèmes formels nécessitent une interprétation pour fixer leur signification.

une mise en lumière de ce qui est impliqué, exige sa formalisation. Cela suppose qu'on élabore une théorie des situations inférentielles susceptibles de rendre compte à la fois des modes de fonctionnement et de progression des sciences formelles.

Nous pouvons considérer des notions importantes comme celles de variable, d'ensemble, de fonction ou d'opérations dans les développements des sciences formelles comme les mathématiques. Nous avons, dans le cadre des mathématiques, invoqué un peu plus haut la théorie des ensembles. C'est au sein de cette théorie que se développent les concepts de variable, d'ensemble, de fonction, d'opération. Il peut nous paraître utile de considérer une notion telle que celle de constante. Nous pouvons indiquer que cette notion se déploie au moyen de symboles. En ce sens, on parle de symbole de constante. Ce que Sylvain Poirier dit à ce sujet est évocateur : « Un symbole de constante est un symbole désignant un objet précis, appelé sa valeur. Exemples : 0,1, N. Ceux du langage courant sont les noms propres et les noms précédés d'un article défini (\le", \la") sans complément »[140]. La notion de variable est marquée par l'absence de valeur. Une variable peut être libre ou liée. Il importe de rappeler qu'une variable ou un symbole de variable est un symbole sans valeur fixe, comme c'est le cas pour un symbole de constante. « Chaque interprétation possible lui donne une valeur particulière et le voit donc comme une constante »[141]. Quand est-ce qu'une variable peut être dite libre ou liée ? Pour répondre à cette question, nous nous servirions d'une image utilisée par Sylvain Poirier à cet effet. C'est l'image d'une boîte. Nous pouvons imaginer une variable comme délimitée par une boîte. « De l'intérieur de la boîte, la variable est utilisable comme une constante (gardant une même valeur) : elle est dite libre ou fixée. Vue du dehors, ses valeurs possibles sont perçues globalement : elle est dite liée »[142]. Cette boîte donne lieu à une double perception, qui varie selon qu'on la regarde de l'intérieur ou selon qu'on la regarde du dehors.

À cette notion de variable reste liée celle de domaine et d'ensemble. On parle souvent du domaine d'une variable. Qu'appelle-t-on un domaine d'une variable ? Selon Sylvain Poirier, on appelle « domaine d'une variable, sa signification vue comme liée : c'est la "connaissance" de la totalité de ses valeurs possibles ou autorisées

---

140 S. POIRIER, *Fondements des mathématiques,* p. 2.

141 *Ibid.*

142 *Ibid.*

appelées les éléments de ce domaine »[143]. On peut dire, en un sens, qu'un domaine d'une variable est la connaissance de la totalité de ses éléments. Or la totalité des éléments du domaine d'une variable donnée constitue un ensemble. Nous pouvons tout simplement dire que tout domaine d'une variable est appelé un ensemble. « Cette "connaissance" est une entité abstraite, capable d'englober des infinités d'objets, contrairement à l'esprit humain ; les éléments sont vus en vrac : sans ordre ni égard à leur contexte »[144]. Par ailleurs, des auteurs comme Lentin et Rivaud considèrent que des objets matériels, des signes, des êtres mathématiques rassemblés en vertu d'une propriété commune constituent des ensembles[145]. Ils précisent qu'un « ensemble est une entité d'une nature différente de celle des éléments qui le composent : un ensemble de points n'est pas un point (même s'il ne contient qu'un point) »[146].

Il importe, pourtant, de rappeler que, Georg Cantor, initiateur de la théorie des ensembles, a défini un ensemble comme étant « un groupement en un tout d'objets bien distincts de notre intuition ou de notre pensée. Si la totalité des éléments d'une multiplicité peut être pensée comme "existant simultanément", de telle sorte qu'il soit possible de la concevoir comme un "seul objet" (ou un "objet achevé"), je la nomme une multiplicité consistante ou un "ensemble" »[147].

Cette brève clarification nous conduit à la notion de fonction. Pour bien cerner cette notion, nous recourons aux considérations que Sylvain Poirier fait à ce propos : « On appelle fonction tout objet f se comportant comme variable dépendant d'une autre variable appelée son argument de domaine noté Domf : dès que cet argument est fixé (et noté comme symbole x), f devient une constante (notée $f(x)$) »[148]. En un sens, une fonction est une variable donnée ayant un argument fixé qui détermine sa valeur. Elle est en quelque sorte une mise en jeu d'un argument dans la mesure où ce dernier occupe une place décisive dans sa composition. Sans cet argument, une fonction ne requiert aucune signification. « Ainsi f est constitué des données suivantes :

---

143 S. POIRIER, *Fondements des mathématiques,* p. 2.
144 *Ibid.*
145 A. LENTIN - J. RIVAUD, *Éléments d'algèbre moderne,* p. 3.
146 *Ibid.*
147 S. POIRIER, *o. c.,* p. 3.
148 *Ibid.*

- Un ensemble appelé domaine de *f* et noté Domf.
- Pour chaque élément x de Domf, un objet noté *f* (*x*), appelé image de *x* par f ou valeur de *f* en *x* »[149].

La notion d'opération est comme un corollaire de la notion de fonction. Mais elle est une fonction généralisée. On pourrait dire qu'une opération est un peu plus large qu'une fonction : « Une opération est une fonction généralisée au cas d'une liste finie d'arguments (variables de domaines respectifs donnés), donnant un résultat (une valeur) quand tous ses arguments sont fixés »[150]. Cette liste finie d'arguments est comme ce qui permet de rendre possible l'effectuation de l'opération. « Le nombre *n* des arguments est appelé son arité ; l'opération est dite *n*-aire »[151]. De ce point de vue, l'opération prend la forme de la fonction qu'elle représente. « Elle est dite unaire si $n = 1$ (c'est une fonction), binaire si $n = 2$, ternaire si $n = 3$ »[152]. Ces opérations représentées par *n-aire* sont utiles parce qu'elles contiennent des valeurs réelles. « Les opérations d'arité 0 sont inutiles car remplaçables par leur valeur ; on verra comment construire celles d'arité > 1 au moyen des fonctions. La valeur d'une opération binaire *f* en ses arguments fixés notés (de valeurs données par) *x* et *y*, se note *f* (*x*, *y*). Ainsi, au lieu de symboles, les arguments sont figurés par les espaces à gauche et à droite dans la parenthèse, à remplir par toute expression leur donnant des valeurs voulues »[153].

Il y a lieu de considérer l'importance et la signification des systèmes formels dans les recherches fondationnelles, plus particulièrement dans le domaine des mathématiques. On pourrait d'avance affirmer que les systèmes formels sont comme la pièce maîtresse du problème des fondements des mathématiques. Ils constituent ce qui permet de donner essentiellement une description du monde des mathématiques lui-même. Jean Ladrière l'a démontré, la notion de système formel occupe une place décisive dans le développement considérable des recherches sur les fondements des mathématiques. Elle est une des idées de base « sur lesquelles s'est appuyée la science des fondements et auxquelles elle a réussi à

[149] S. POIRIER, *Fondements des mathématiques,* p. 3.
[150] *Ibid.*
[151] *Ibid.*
[152] *Ibid.*
[153] *Ibid.*

donner un contenu précis »[154]. C'est de cela que nous allons maintenant nous occuper.

---

[154] J. LADRIÈRE, *Les limitations internes des formalismes,* p. VII.

CHAPITRE III
IMPACT DU FORMALISME SUR LES FONDEMENTS DES MATHÉMATIQUES

Dans l'évolution et le foisonnement des mathématiques, le formalisme joue un rôle indéniable en ce sens qu'il constitue un outil efficace dans la construction des êtres mathématiques. On peut considérer que les systèmes formels offrent aux mathématiques un cadre privilégié de légitimation de leurs connaissances.

3.1. Formalisme et étude des présuppositions

Il y a un rapport étroit et indissociable entre les systèmes formels et l'étude des présuppositions. Cette dernière (étude des présuppositions) est au cœur des recherches sur les fondements. On comprend, dès lors, la nécessité de la relation entre théorie mathématique et système formel.

Nous pouvons poser que l'étude des présuppositions, dans la démarche scientifique, « fait l'objet de ce qu'on appelle les "recherches sur les fondements" »[155]. Jean Ladrière note le renversement de la relation établie par David Hilbert entre théorie mathématique et système formel tout en indiquant que l'intervention du système formel fait disparaître la distinction entre mathématique et métamathématique[156] ; et cela, « pour faire place à la distinction entre théories intuitives et théories formalisées. Si la métamathématique est la science du fondement, elle devient identique à celle qu'elle est chargée de fonder. Fonder, c'est formaliser »[157]. La formalisation met en place « un outil réflexif et en

[155] J. LADRIÈRE, « Sciences et discours rationnel », p. 552, col. 1.

[156] N. KALINDULA, *Connaissance rationnelle et théorie du fondement des sciences,* p. 125.

[157] J. LADRIÈRE, *Les limitations internes des formalismes,* p. 33.

même un instrument rigoureux d'analyse et de formulation »[158]. Elle a joué un rôle précis et très efficace dans le domaine des fondements des mathématiques : « Elle fut à la base du programme hilbertien de constitution d'une métamathématique chargée d'établir la non-contradiction des théories mathématiques et ainsi d'asseoir fermement leur légitimité »[159].

Nous pouvons, à partir de là, considérer que les « recherches fondationnelles mettent en œuvre des méthodes de caractère scientifique, telles que l'axiomatisation, la construction de modèles, etc. »[160], qui sont des expressions parfaites de l'articulation de la raison. On pourrait même dire qu'il y a un rapport étroit entre raison et formalisme. Comme nous le rappelle André Berten, Jean Ladrière « analyse le double mouvement de généralisation et d'exemplification qui est au cœur de la dynamique du formalisme »[161]. Celui-ci est essentiellement rationnel. Les mathématiques, par leur caractère hautement abstrait et systématique, constituent un lieu privilégié où la raison formalisante s'effectue. Pour ce faire, les méthodes mises en œuvre dans les recherches fondationnelles sont des formes précises de la démarche de la raison dans la mesure où elles rendent compte de la dimension totalement rationnelle de leur effectuation. Elles comportent un caractère symbolique.

À vrai dire, le souci de dégager le statut exact des concepts fondamentaux et des procédés rigoureux des mathématiques a été à la base de la problématique de leurs fondements. Jean Ladrière évoque la crise des fondements, en mathématiques, et la relativisation de certains concepts fondamentaux, relativisation à laquelle a conduit cette crise : « Au plan de la raison scientifique, ce qu'on a appelé la "crise des fondements", en mathématiques, sans freiner le moins du monde le développement des mathématiques, a conduit à la relativisation de certains concepts fondamentaux et a mis en lumière la corrélativité entre les méthodes de démonstration admises et la nature des propriétés qu'elles permettent d'établir »[162].

Les mathématiques ont intégré dans leur développement les problèmes fondationnels, qui sont de nature philosophique. Jean

---

[158] J. LADRIÈRE, « Préface » à J.-F. MALHERBE, *La philosophie de Karl Popper et le positivisme logique*, p. 13.

[159] *Ibid.*

[160] J. LADRIÈRE, « Science et discours rationnel », p. 552, col. 1.

[161] A. BERTEN, « Formalisme, sens et pragmatique », p. 257.

[162] J. LADRIÈRE, *Sens et vérité en théologie*, p. 181-182.

Ladrière note que ces problèmes « concernent la nature même de la méthode, de la logique ou de la vérité »[163]. Pour lui, il existe une vaste catégorie de problèmes fondationnels susceptibles d'être considérés comme relevant des disciplines proprement scientifiques. Il indique que chaque science se double actuellement d'une discipline fondationnelle correspondante à partir de laquelle elle élabore des règles et des modes de connaissance. Modes qui transparaissent comme des démarches hautement rationnelles, qui formulent des règles au moyen desquelles on appréhende les éléments et les objets abstraits. La formulation des règles qui constituent l'armature des systèmes formels, il faut bien le reconnaître, est avant tout une démarche rationnelle.

Ces règles permettent de rendre valables des propositions données. Les mathématiques s'illustrent dans cette démarche rationnelle. Elles construisent des axiomes et des déductions au moyen desquelles elles justifient et rendent légitimes des propositions précises. Ceci permet de les rendre efficaces dans leur effectuation. « La plurification des systèmes logiques, c'est-à-dire des systèmes de la pure déduction, d'une part, et l'extraordinaire amplification des mathématiques, d'autre part, en même temps que leur passage à un niveau très élevé d'abstraction, font aujourd'hui apparaître le champ du formel dans une clarté sans précédent »[164]. En interrogeant l'historicité de la pensée formelle, on se rend compte qu'elle est une mise en œuvre progressive des démarches que la raison effectue à partir de ses propres ressources.

Il y a donc un mouvement interne qui organise et favorise cette plurification des systèmes logiques et cette extraordinaire amplification des mathématiques et qui permet d'établir leur intelligibilité. Ce mouvement interne n'est autre que l'opérativité de la raison. C'est la raison qui offre ses propres ressources aux systèmes déductifs et qui permet d'atteindre un niveau très élevé d'abstraction, lequel caractérise les systèmes logiques et mathématiques. Elle permet d'extirper toute ambiguïté susceptible d'entacher les systèmes déductifs. On peut, suivant cette perspective, soutenir que c'est la raison qui permet de mettre en œuvre des critères à utiliser pour formuler éventuellement les règles nécessaires au raisonnement logique et à la démonstration mathématique et ne laisse place à aucune ambiguïté. Elle permet de

---

163 J. LADRIÈRE, *L'articulation du sens*. I., p. 165.
164 *Ibid.*, p. 166.

fixer le rôle du formalisme ; et cela, d'autant plus qu'on cherche à déterminer le domaine de vérité dans la caractérisation et l'application des règles. En tant qu'elle est la source d'opérations qui s'effectuent dans toutes les démarches des sciences formelles, elle constitue cette instance qui détermine ce qui est intelligible dans ces disciplines. Et le cas de la science mathématique est plausible en ce sens.

Les mathématiques, selon Sylvain Poirier, se laissent le plus souvent comprendre comme l'étude des systèmes d'objets élémentaires « dont l'existence est abstraite (indépendante du monde physique), et dont chaque constituant (élément, relation) a pour seule nature le fait d'être exact, sans ambiguïté : deux objets sont égaux ou différents, reliés ou non, une opération donne un résultat exactement, etc. »[165]. Elles se divisent en théories[166], qui constituent des cadres implicites ou explicites de tout travail mathématique. Sylvain Poirier soutient que chaque théorie est l'étude des systèmes de forme décrite d'une manière précise appelée son fondement : on retrouve à ce niveau des listes de types de constituants (notions), structures qui les relient, et de formules de propriétés à satisfaire appelées axiomes[167]. En ce sens, il est possible de considérer les mathématiques du point de vue réaliste et du point de vue formaliste. Le point de vue réaliste, appelé également idéaliste ou platonicien, s'attache aux mondes ou systèmes étudiés, vus comme réalités préexistantes dont l'étude serait une exploration. Pour Sylvain Poirier, c'est l'approche de l'intuition qui flaire l'ordre global des choses. Le point de vue réaliste ne nous préoccupe pas ici.

---

165 S. POIRIER, *Fondements des mathématiques,* p. 1.

166 Comme on l'indiquera au fil de cette étude, la notion de théorie est importante d'autant plus qu'elle est comme ce sur quoi se fondent plusieurs notions en mathématiques. On peut, par exemple, évoquer le cas de la théorie des ensembles, qui fut découverte par Georg Cantor. Selon Marcel Crabbé, cette théorie « s'est progressivement imposée pendant le XXe siècle au titre de fondements des mathématiques, et ce malgré l'opposition de mathématiciens éminents. Son développement actuel est important. Les antinomies logiques ont rendu nécessaire une fragmentation de la théorie de Cantor en diverses théories ou systèmes axiomatiques qui s'assignent pour tâche de cerner implicitement l'essence de la notion d'ensemble ». Pour plus de détails, lire M. CRABBÉ, « Théorie des ensembles », in S. AUROUX (éd.), *Encyclopédie Philosophique Universelle.* II. *Les notions philosophiques. Dictionnaire.* 1. *Philosophie occidentale,* Paris, PUF, 1990, p. 798, col. 2.

167 S. POIRIER, *o.c.,* p. 1.

Le point de vue formaliste, par contre, est l'approche syntaxique et rigoureuse d'une théorie, partant de son fondement (expression formelle), et cheminant conformément aux règles[168]. Il est possible de se rendre compte à ce niveau que le problème de fondement est avant tout une question formelle qui s'appuie sur des règles susceptibles de postuler la vérité et la validité d'une théorie à partir de ses objets. On est au cœur de ce qu'il convient d'appeler la formalisation dont la finalité est d'assurer une rigueur optimale aux mathématiques. La capacité d'assurer cette rigueur est due à la logicisation et à l'axiomatisation. Et les développements modernes de l'axiomatique nous en fournissent des illustrations. On en vient à formaliser une théorie fondée sur un ensemble d'axiomes en utilisant un ensemble de règles de déduction. Concernant par exemple la théorie des ensembles, on peut noter que l'appartenance en constitue la relation fondamentale. « Le principe qui caractérise les ensembles par rapport aux concepts et aux atomes (individus, *Urelemente*) est l'extensionalité : des ensembles ayant les mêmes éléments sont identiques »[169].

Lorsque Georg Cantor élaborait les premiers éléments de la théorie des ensembles, un effort de logicisation s'est développé, avec les travaux sur les nombres irrationnels, des mathématiciens comme Dedekind, Weierstrass. Leur étude est parvenue à considérer « un nombre irrationnel comme la limite infinie d'une suite finie de nombres rationnels. L'analyse alors se trouve dépendre de l'arithmétique »[170]. Georg Cantor, de son côté, en élaborant les premiers éléments de la théorie des ensembles, indiquait que la définition du cardinal d'un ensemble est équivalente à la notion de nombre de l'arithmétique.

Pour Jeanne Parain-Vial, cette approche de Georg Cantor a permis de lier le sort de la théorie des ensembles à celui de l'arithmétique. « Il en était de même des théorèmes les plus fins de la théorie des fonctions d'une variable réelle »[171]. C'est dans ce contexte que s'imposait l'importance de démontrer la consistance ou la non consistance de l'arithmétique, d'autant plus que, comme l'a indiqué Jeanne Parian-Vial, toute contradiction dans la théorie des ensembles

---

[168] S. POIRIER, *Fondements des mathématiques*, p. 1.

[169] M. CRABBÉ, « Théorie des ensembles », p. 798, col. 2.

[170] J. PARAIN-VIAL, *Philosophie des sciences de la nature. Tendances nouvelles*, Paris, Klincksieck, 1985, p. 49.

[171] *Ibid.*

aurait des effets catastrophiques dans le champ entier des mathématiques ou de la « mathesis ». La notion d'ensemble a conduit aux paradoxes découverts entre 1880 et 1904. Ce qui a également conduit au problème des fondements des mathématiques dans la mesure où ces paradoxes ont posé un sérieux problème de la démonstration de non contradiction dans les développements de la pensée mathématique. Pour éclairer ce problème, on a dû avoir recours au formalisme.

3.2. Formalisme et fondement des mathématiques

Quel rôle le formalisme a-t-il effectivement joué dans la théorie du fondement des mathématiques ? Ce questionnement est de portée majeure et significative dans la mesure où il nous renvoie à la prise en compte de la place décisive du formalisme dans la théorie du fondement des mathématiques. On le sait, les systèmes formels offrent aux mathématiques un cadre privilégié d'opérativité et d'effectuation de la raison. En y mettant en exergue le rôle décisif des systèmes formels, on s'est rapidement aperçu que les mathématiques sont fondamentalement traversées par l'idée de connaissance rationnelle. Plus exactement, des éléments qu'elles construisent revêtent essentiellement un caractère rationnel dont le formalisme constitue un outil par excellence d'expression et de formulation. C'est à partir de ce caractère hautement rationnel que les mathématiciens construisent des théorèmes. Ceux-ci reposent sur des modèles à la fois formels et axiomatisés. On pourrait dire que les bases, les notions fondamentales et générales renferment implicitement en elles un caractère hautement rationnel. Des déductions mathématiques sont des systèmes qui reposent sur des énoncés considérés comme valables et doués de validité, engendrés au moyen de règles précises et rigoureuses.

Sans doute, le processus de démonstration et d'explication des énoncés mathématiques suppose-t-il une démarche rationnelle rigoureuse. Cette démarche est ainsi appelée d'autant plus qu'elle met en œuvre des règles formelles qui permettent à la fois de fournir des critères de validité et des règles de démonstration et de produire des significations profondes des choses et de les rendre compréhensibles. C'est ce mécanisme d'intelligibilité que nous considérons comme fondement de la démarche mathématique. L'idée de démonstration est comme le critère qui a conduit à une radicalisation des procédures de formalisation. Cela a permis de mettre au jour l'idée que « le critère ultime de validité est la non-contradiction. Il s'agit là d'une propriété purement formelle »[172]. En fait, les recherches fondationnelles dans le domaine des mathématiques, tout comme dans celui de la logique, demeurent dominées par l'idée de démonstration. On pourrait même dire que cette idée « demeure un fil conducteur, mais elle a elle-même évolué, dans le sens d'une formalisation croissante »[173]. Cependant cette formalisation croissante est due au fait que la réalité mathématique n'est pas donnée à l'avance, dans une sorte d'intuition. Elle est découverte et se construit progressivement sur des bases que la raison trace. Aux yeux de Jean Ladrière, cette construction est de caractère essentiellement prospectif et n'est jamais pleinement assurée de la validité et de l'efficacité de ses procédés. « C'est au fur et à mesure de la construction du champ mathématique que se précisent les méthodes de cette construction elle-même »[174].

Un commentaire philosophique sur les fondements des mathématiques peut avoir le mérite de souligner le fait que les mathématiques sont tiraillées entre le réalisme (platonisme) et le formalisme (une sorte de dynamique). Il convient d'indiquer, de proche en proche, que « ces fondements sont sans origine absolue mais en forme de vaste boucle dynamique »[175]. S'agissant, par exemple, de l'algèbre moderne, nous pouvons noter qu'elle « apparaît vers 1910 pour faire la synthèse de nombreux résultats acquis au XIXe siècle dans les branches les plus diverses des mathématiques et pour résoudre des problèmes surgis du progrès même de cette science »[176]. Cette apparition joue un rôle indéniable dans la recherche en mathématiques d'autant plus que divers domaines de cette science s'en servent et s'épanouissent. Le raisonnement sur les propriétés des opérations abstraites et des éléments sur lesquels s'exercent ces opérations revêt un caractère typiquement rationnel. C'est ce à quoi l'algèbre moderne se réfère.

Le recours aux règles opératoires permet de mettre au clair la structure fondamentale cachée sous des revêtements différents. La

---

[172] J. LADRIÈRE, « Sciences et discours rationnel », p. 552, col. 3.

[173] *Ibid.*

[174] *Ibid.*

[175]file:///C:/Users/Ir%20Ernest/Pictures/Th%C3%A9orie%20des%20ensembles%20et%20fondements%20des%20math%C3%A9matiques.htm, page consultée le 17/11/2013 à 13 : 45 :57.

[176] A. LENTIN, J. RIVAUD, *Éléments d'Algèbre moderne*, p. V.

raison se donne à comprendre comme ce qui permet d'induire une structure fondamentale de la science mathématique. Elle met en relief diverses branches de cette science. C'est ainsi qu'une branche comme l'algèbre « tient une place d'honneur dans la recherche et influence plus ou moins directement des domaines comme la géométrie, l'analyse et la topologie »[177]. On se rend compte qu'il y a comme une interaction et un recoupement entre les différentes branches de la science mathématique. Interaction qui est posée par le mouvement de la raison. Cette dernière constitue un socle sur lequel prend appui toute la démarche mathématique.

Ces indications nous conduisent à considérer à nouveaux frais la théorie des fondements des mathématiques et à la représenter dans ce cycle fondateur qui en donne une idée tout à fait claire et globale[178] :

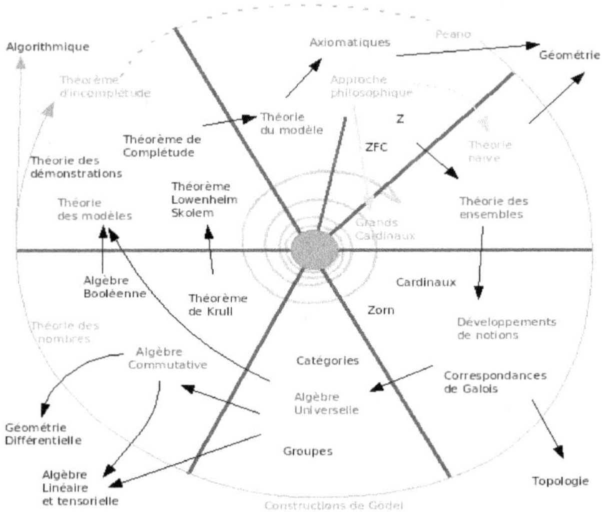

Ce cycle fondateur reprend et représente les grandes branches des mathématiques et les développements qu'elles ont connus[179].

[177]A. LENTIN – J. RIVAUD, *Éléments d'Algèbre moderne*, p. V.

[178] Nous avons tiré ce cercle fondateur des mathématiques de file:///C:/Users/Ir%20Ernest/Pictures/Th%C3%A9orie%20des%20ensembles%20et%20fondements%20des%20math%C3%A9matiques.htm, page consultée le 16/11/2013 à 17 : 51:57.

[179] On retrouve pratiquement les différentes branches de la science mathématique et les grandes théories qui ont marqué les recherches fondationnelles. De la

Diverses théories développées se retrouvent évoquées et représentées ici. Pour peu que l'on soit attentif à ce cycle fondateur, l'on peut se rendre compte qu'il apparaît comme un cercle tracé dans un plan. Il est donc un ensemble. Et en tant qu'ensemble, il est constitué de plusieurs éléments. C'est de cette manière qu'il convient de comprendre et d'expliquer la science mathématique. À poursuivre sur cette voie, on peut, par exemple, considérer l'idée de démonstration en mathématiques. En fait, cette idée s'est développée dans le sillage de la notion de système formel. On pourra même dire que, comme le fait remarquer Jean Ladrière, c'est la notion de système formel qui ne fait elle-même que donner une formulation précise à celle de démonstration. « C'est cette dernière qui est la base du principal critère de validation dans les sciences formelles : est acceptable ce qui est démontrable »[180]. La démonstration est constitutive d'une démarche essentiellement rationnelle.

Au cœur de l'idée de démonstration se trouve la théorie de formalisation sur laquelle s'élève l'édifice admirable et fécond des mathématiques. Qu'implique alors l'idée de démonstration ? Autrement dit, que suppose alors le fait de démontrer une proposition ? La démarche que nous propose le philosophe et mathématicien belge nous permet de réagir à ce questionnement. Pour lui, démontrer une proposition, « c'est la rattacher par une série d'étapes, dont chacune consiste en l'application d'une règle préalablement reconnue, à une ou à plusieurs propositions premières, dont la validité est supposée préalablement acceptée »[181]. Dans le sillage de la notion de démonstration il y a dès lors moyen de soulever la question de la validité des règles et des axiomes. Jean Ladrière met en évidence une conception ancienne de l'axiomatique, dans laquelle la résolution de cette question faisait appel à l'évidence intuitive. De ce point de vue, on pensait qu'il suffisait de mettre en jeu des règles suffisamment simples pour les faire apparaître immédiatement comme légitimes et capables d'assurer la propagation de la vérité des prémisses aux conséquences et des propositions suffisamment fondamentales pour les faire apparaître comme évidentes par elles-mêmes et, dès lors, comme acceptables

---

géométrie à l'algorithmique en passant par l'algèbre et la topologie, ce cercle reprend en substance les grandes théories qui ont été élaborées par d'éminents mathématiciens.

180 J. LADRIÈRE, « Sciences et discours rationnel », p. 552, col. 3.

181 *Ibid.*

sans démonstration. Cette conception est tombée en désuétude avec les développements modernes des mathématiques, plus particulièrement avec l'apparition des géométries non euclidiennes et, plus tard, celle des paradoxes.

Il en découle que la théorie de formalisation postule la recherche du fondement. Ce qui permet de déterminer l'intelligibilité propre de la démarche déductive, en mettant en exergue les structures mathématiques. Le recours à l'axiomatisation a permis de localiser la recherche du fondement. On devrait alors trouver ce fondement. Ceci nous conduit à retracer le contexte général en prenant en compte une démarche que nous propose le mathématicien et philosophe belge. Il sied également de souligner que, ce qui importe pour nous, c'est de mettre en évidence l'idée que l'existence des formalismes est avant tout rationnelle. C'est à partir de leur caractère purement théorique qu'il convient de les postuler et de les considérer.

3.3. Foisonnement des théories et désir de fonder les mathématiques

Parlant des recherches sur les fondements, Jean Ladrière considère en une première approximation la théorie des ensembles et les paradoxes. En une seconde approximation, il évoque la méthode axiomatique et la logistique et indique tout naturellement que l'utilisation de deux outils de l'axiomatique et de la logistique dans des contextes fort différents a amené les recherches sur les fondements à « se développer suivant quatre directions : axiomatique des ensembles, logicisme, intuitionnisme, théorie de la démonstration »[182]. Mais il convient de rappeler avec Amy Dahan-Dalmedico et Jeanne Peiffer que l'analyse mathématique s'est caractérisée particulièrement au XIXe siècle par un effort de rigueur et d'élucidation des fondements[183]. Déjà le début de ce siècle s'illustre

---

182 J. LADRIÈRE, *Les limitations internes des formalismes,* p. 25.

183 Au XIXe siècle, Gottlob Frege a réalisé une étude sur les fondements de l'arithmétique dont le condensé porte fondamentalement sur la recherche logico-mathématique sur le concept de nombre. Cela prouve à suffisance que les recherches sur les fondements trouvent avant tout leur terrain de prédilection dans les mathématiques. Pour un exposé plus détaillé, voir G. FREGE, *Les fondements de l'arithmétique. Recherche logico-mathématique sur le concept de nombre,* (1re édition 1884), traduction et introduction de Claude Imbert, Paris, Seuil, 2011.

par un profond désir d'asseoir les mathématiques sur des fondements solides. Plus exactement, ce désir « devient général et la nécessité d'élucider les concepts de base de l'analyse se fait pressante »[184]. Il y a un foisonnement des théories mathématiques sur lesquelles des travaux de mathématiciens vont porter et parmi lesquelles on peut citer l'analyse fonctionnelle, la théorie des ensembles.

Au sujet de la théorie des ensembles et des paradoxes, Jean Ladrière explique que le développement des mathématiques au XIXe siècle a été caractérisé par un double effort : le dégagement des structures fondamentales de l'analyse (algèbre abstraite, topologie, théorie des ensembles) d'une part, et la critique des concepts de base (travaux de Cauchy, de Riemann, de Weierstrass, de Dedekind, de Cantor) d'autre part[185].

Un travail d'approfondissement en vue de préciser le sens des concepts et de créer un outil d'investigation plus rigoureux a été entrepris dans le sillage des développements de l'analyse, lesquels, selon Jean Ladrière, exigeaient l'établissement des bases solides. Comme il l'explique lui-même, le problème du fondement des mathématiques, déjà présent dans l'histoire de cette discipline scientifique au XIXe siècle, a pris toute sa portée avec la crise du début du XXe siècle, crise créée par la découverte des paradoxes[186]. Cette

---

184 A. DAHAN-DALMEDICO et J. PEIFFER, *Une histoire des mathématiques. Routes et dédales,* Paris, Seuil, 2008, p. 202.

185 J. LADRIÈRE, *Les limitations internes des formalismes,* p. 13.

186 On pourrait indiquer que la crise des paradoxes a marqué l'histoire des mathématiques dès le XIXe siècle et a nécessité une solution radicale. En fait, selon les propos de Jean Ladrière, les paradoxes apparaissent dans la ligne de la théorie des ensembles. Cette théorie est liée aux développements du calcul infinitésimal et de la théorie des fonctions. L'histoire de ces théories montre un double effort : d'une part, extension des théories par la découverte des résultats nouveaux, par le développement des applications, par la mise en lumière des liens qui existent entre les différentes théories (application de l'analyse à la géométrie, etc. – unification de théories diverses, etc.), d'autre part, effort de critique par lequel la pensée mathématique revient en quelque sorte sur elle-même, s'efforce de clarifier les notions dont elle part, de les analyser, afin d'en dégager des notions plus simples (qui sont à la fois plus fondamentales et plus générales), de manifester la hiérarchie qui existe entre ces notions (et, par-là, entre les théories qu'elles commandent). Il y a donc un effort critique qui, selon Jean Ladrière, se traduit par une fécondité nouvelle dans l'ordre de l'extension. Les travaux de Cauchy sur la notion de limite, ceux de Riemann sur la notion de multiplicité, ceux de Dedekind sur la notion de nombre, ceux de Weierstrass sur la notion de fonction, et d'autres encore, se situent dans cette ligne de la pensée critique.

crise a obligé les mathématiciens à chercher des outils susceptibles de leur permettre de la surmonter ou, tout au moins, de la circonscrire.

D'une part, l'axiomatique moderne va offrir des éléments importants à l'analyse mathématique dans la mesure où elle « se présente comme un système hypothético-déductif »[187]. Elle posera la non-contradiction comme critère ultime de validité. Ici, on n'accorde aucun privilège d'évidence à un énoncé ; on pose que construire une théorie revient à montrer les propositions susceptibles d'être déduites au cas où telles et telles propositions sont admises au départ ; à indiquer les possibilités de déduction offertes par telles hypothèses. On retrouve, dans cette méthode, à la fois un idéal de connaissance exprimé dans la constitution de systèmes déductifs et un instrument d'analyse.

D'autre part, l'apport de la logique symbolique est également de portée décisive dans la mesure où cette logique « est partie du double souci de reprendre, par des méthodes nouvelles, inspirées des méthodes mathématiques, les problèmes de la logique formelle classique et d'éclairer la question du fondement des mathématiques en permettant de contrôler plus exactement leurs bases logiques »[188].

On pourrait même dire que la découverte des paradoxes a donné lieu à la création de la logique mathématique. En réalité, cette crise n'a pas du tout été un ébranlement de la science mathématique, « mais au contraire le point de départ d'une autoréflexion qui a eu comme effet de doubler en quelque sorte la pensée mathématique d'une "théorie des fondements", que Hilbert a appelée "métamathématique" »[189]. Il est sans doute évident que le recours à la méthode axiomatique et à la logique symbolique a permis de « donner naissance au formalisme pur, par la constitution de systèmes formels »[190]. Au sujet d'un système formel, Jean Ladrière fournit des éléments significatifs :

> Un système formel (ou formalisme) est un système axiomatique entièrement symbolique. Il comporte essentiellement : un certain nombre de signes ; un certain nombre de règles de structure, spécifiant dans quelles conditions

---

[187] J. LADRIÈRE, « Le rôle du théorème de Gödel dans le développement de la théorie de la démonstration », in *Revue philosophique de Louvain* 47 (novembre 1949), troisième série, n° 16, p. 472.

[188] *Ibid.*, p. 473.

[189] J. LADRIÈRE, *Sens et vérité en théologie,* p. 199.

[190] J. LADRIÈRE, « Le rôle du théorème de Gödel dans le développement de la théorie de la démonstration », p. 473.

certains assemblages de ces signes sont considérés comme doués de sens et constituent ce qu'on appelle des "formules" ; un certain nombre de formules considérées comme valables, les axiomes ; et un certain nombre de règles de déduction, indiquant par quelles transformations il est possible d'obtenir, à partir d'une formule valable, une autre formule valable[191].

À vrai dire le formalisme est tout simplement un système de signes, de règles de structure et de déduction au moyen desquelles on arrive à construire des formules valables. On comprend dès lors la place de la notion de déduction ou de déductibilité dans un système formel. Notion qui sert de clé d'analyse en ce sens qu'elle permet d'exprimer les diverses relations qui peuvent exister entre propositions. On peut citer, à titre illustratif, la relation de compatibilité, la relation de présupposition. En fait, la notion de déductibilité « est de nature purement formelle ; elle exprime une relation logique, caractérisable indépendamment du sens des propositions qu'elle relie »[192]. La déduction met en jeu des formules valables de nature axiomatique et dont l'aspect est indubitablement formel. De ce point de vue, Jean Ladrière écrit : « Les formules valables sont donc les axiomes et toutes les formules que l'on peut en déduire au moyen des règles de déduction »[193]. En fait, les axiomes et toutes les formules déductibles au moyen des règles de déduction sont doués de sens à la fois intrinsèque et extrinsèque. On pourrait dire que le sens intrinsèque des signes et des formules du système formel est fixé par les axiomes et les règles. Ce qui revient à dire qu'il est fixé par des lois de manipulation. En un sens, un système formel ne signifie que lui-même, c'est-à-dire qu'il est une sorte de jeu arbitraire et dépourvu de signification extérieure.

Bien plus, un système formel se laisse également comprendre comme « un dispositif abstrait qui permet d'engendrer une classe de propositions (formulées dans un langage donné) à partir de deux types de spécification : celle d'une sous-classe déterminée de la classe en question (formée des axiomes) et celle d'un certain nombre de règles de déduction »[194]. C'est dans cet ordre idées qu'on peut considérer et présenter les théories logiques et mathématiques. « On peut donc présenter les sciences mathématiques et logiques comme

---

[191] J. LADRIÈRE, « Le rôle du théorème de Gödel dans le développement de la théorie de la démonstration », p. 473.

[192] J. LADRIÈRE, « Système », p. 586, col.1.

[193] J. LADRIÈRE, « Le rôle du théorème de Gödel dans le développement de la théorie de la démonstration », p. 473.

[194] J. LADRIÈRE, « Sciences et discours rationnel », p. 552, col. 3.

relevant d'une solide discipline fondamentale : l'étude des systèmes formels »[195]. Dès lors, on se rend compte que la notion de système formel relève de la nature purement théorique, donc rationnelle. En ce sens, un discours de type théorique est une suite de propositions formées dans un langage qui peut être entièrement artificiel ou qui peut consister en une extension du langage naturel. Lorsqu'on soutient qu'un tel discours est un système, l'idée de base consiste à « indiquer que les propositions qui le constituent forment un tout articulé dans lequel chaque proposition a une relation déterminée avec chacune des autres, qu'elle en découle ou qu'elle soit présupposée par elle »[196].

Nous l'avons indiqué, la notion de déductibilité joue un rôle décisif dans l'analyse et l'explication de l'idée de système. Aux yeux de Jean Ladrière, l'idée de système est susceptible d'être expliquée au moyen de la relation de déductibilité, et cela conduit à postuler que cette idée est elle-même une idée formelle en ce sens qu'elle se réfère à la forme que peuvent prendre certaines théories. « C'est précisément cet aspect formel de la notion qui se trouve dégagé de la manière la plus rigoureuse dans le concept de système formel »[197]. Jean Ladrière précise : « Ce concept a été suggéré par des théories déductives pures, en particulier par la géométrie classique, qui avait été organisée depuis l'Antiquité sous une forme axiomatique. Mais, comme tel, il a une portée tout à fait générale ; c'est un concept de base de la logique moderne »[198]. Il occupe également une place de choix dans la science mathématique.

Ces éléments nous conduisent à considérer ce à quoi est destiné un système formel. Une telle destination contient le sens extrinsèque des règles de déduction et, en conséquence, du système formel lui-même. Jean Ladrière souligne que « le système formel est destiné à traduire un certain domaine d'énoncés (par exemple, une théorie mathématique, comme l'arithmétique ou la géométrie métrique) ; à ce titre, il est doué d'une signification extérieure, qui lui vient grâce à une interprétation que l'on donne des signes et des règles »[199]. C'est dans cette perspective qu'il est possible de poser le problème de la

---

[195] J. LADRIÈRE, « Sciences et discours rationnel », p. 552, col. 3.
[196] J. LADRIÈRE, « Système », p. 586, col. 1.
[197] *Ibid.*
[198] *Ibid.*
[199] J. LADRIÈRE, « Le rôle du théorème de Gödel dans le développement de la théorie de la démonstration », p. 473.

construction d'un système formel comme ayant l'aptitude à représenter une théorie donnée, ou, inversement, de trouver une interprétation possible pour un système formel existant. On le voit, la notion de système formel est liée à celle de théorie, dont la formulation exige de disposer d'un langage. Jean Ladrière appelle langage « un dispositif abstrait permettant d'engendrer une classe définie d'expressions ayant le statut de propositions. Une classe définie d'objets d'une certaine catégorie est une classe telle que l'on puisse déterminer de façon effective si un objet de la catégorie en question appartient à cette classe »[200].

Selon Jean Ladrière, les propositions sont des unités linguistiques qui peuvent être examinées soit du point de vue sémantique, soit du point de vue syntaxique. Du point de vue sémantique, elles sont capables d'exprimer un état de choses, réel ou idéal, et dès lors, elles peuvent être déclarées vraies ou fausses. Du point de vue syntaxique, elles peuvent être déclarées valides ou non valides. Jean Ladrière note que la notion de validité correspond simplement à un partage effectué, à l'intérieur du langage, au moyen de prescriptions appropriées ; alors que celle de vérité est relative à une interprétation sémantique, c'est-à-dire à une mise en correspondance entre les expressions du langage et un certain domaine d'entités dont il est possible de parler dans le langage[201].

Une théorie formulée dans un langage donné est tout simplement une classe de propositions de ce langage. Elle est une sélection effectuée parmi les propositions du langage sous-jacent. Ainsi, une théorie déductive « est une théorie engendrée à partir d'une sous-classe définie de propositions (les axiomes), au moyen de règles de transformation formant elles-mêmes une classe définie (ces règles permettent de transformer une suite donnée de propositions en une proposition non contenue dans la suite). La théorie ne constitue pas, en général, une classe définie »[202]. Pour ce faire, Jean Ladrière présente un système formel en termes de théorie. Selon lui, c'est « une théorie déductive considérée d'un point de vue purement combinatoire, abstraction faite de tout contenu de sens qu'elle pourrait avoir par elle-même »[203]. Il précise : « Plus exactement, le

[200] J. LADRIÈRE, « Système », p. 586, col. 1.

[201] Pour plus de détails au sujet de la notion de vérité, lire J. LADRIÈRE, *Sens et vérité en théologie*, p. 47-74.

[202] J. LADRIÈRE, « Système », p. 586, col. 2.

[203] *Ibid.*

langage, dans lequel est formulé un système formel est défini indépendamment de toute interprétation. Ainsi, il contiendra des symboles qui jouent le rôle d'objets formels, des prédicats et des opérateurs (propositionnels) ainsi que des règles spécifiant comment les propositions peuvent être engendrées »[204]. En fait, l'application « d'un prédicat à *n* arguments à une suite de *n* objets formels donne une proposition atomique ; en combinant des propositions atomiques au moyen des opérateurs propositionnels, on obtient les propositions complexes »[205].

En fait, l'historicité de la pensée formelle nous permet de poser que cette pensée est à la recherche à la fois de son objet et de ses méthodes. En mettant en œuvre le critère de non-contradiction, la pensée formelle en est arrivée à faire preuve de sa capacité. Cette dernière aide la pensée « à ressaisir le champ tout entier de l'actualité mathématique et à discerner en lui les exigences internes de dépassement qu'il manifeste, en telle ou telle région, à partir des problèmes qui s'y posent et des possibilités de thématisation qui s'y dessinent »[206]. Il y a là une mise en mouvement caractéristique de la théorie de la démonstration.

Il y a un double mouvement qui caractérise la théorie de la démonstration : d'un côté on a l'argumentation, qui relève de la logique, et de l'autre côté la pratique mathématique. On reviendra sur la spécificité de chacun de ces éléments dans le chapitre suivant où l'on examinera de proche en proche le rôle de l'argumentation dans la logique et la place de la pratique mathématique dans la pensée formelle.

Les mathématiques se fondent sur l'unité de leur démarche. Cette unité postule cependant une dualité manifeste qui concerne toute la science[207]. Jean Ladrière prend soin d'indiquer cette dualité manifeste et, pour ce faire, évoque le cas typique des mathématiques au sujet desquelles il écrit : « En mathématiques, on part de deux éléments qui sont censés être donnés au terme d'une analyse régressive, supposée achevée : l'unité et le continu homogène. Et on fait comme s'ils étaient des réalités disponibles pour l'esprit, alors

---

[204] J. LADRIÈRE, « Système », p. 586, col. 2.
[205] *Ibid.*
[206] J. LADRIÈRE, « Sciences et discours rationnel », p. 553, col. 1.
[207] Ce qui est affirmé des mathématiques concerne également les autres sciences. On peut dire que la science reste caractérisée par une dualité manifeste.

que ce sont des éléments idéaux »[208]. Ceci relève du caractère purement théorique, idéal des constructions que la démarche mathématique revêt[209]. En ce sens, « les mathématiques se fondent sur la continuité et l'homogénéité, et corrélativement oublient la nature des composés et les qualités propres aux éléments »[210]. En ce sens, « la représentation mathématique n'est pas la traduction dans un langage formel de ce qui était déjà formulé dans un autre langage, mais elle est structuration originale des objets qu'elle pose »[211]. À ce niveau, il y a simultanément découverte et construction : « La découverte n'est pas simple reconnaissance d'un contenu qui serait donné d'emblée à la fois dans son existence brute et dans son intelligibilité, mais activité constituante »[212]. Activité qui est une expression parfaite de la raison en tant que celle-ci est à l'œuvre dans la découverte et la construction d'un objet qu'elle pose. C'est ainsi que s'accomplit le progrès en mathématiques : « Il y a un type de progrès qui consiste à découvrir de nouvelles propriétés des objets déjà connus. Mais la forme décisive de progrès, c'est la découverte de nouveaux objets, par thématisation des modes de fonctionnement des objets connus »[213]. On les découvre en les construisant[214] en même temps qu'on les déduit. La vertu de la déduction est « de propager la vérité des prémisses vers celle de la conclusion, par une chaîne de propositions intermédiaires, chaque transition obéissant à la contrainte de conserver la vérité »[215]. L'exemple le plus frappant est

---

[208] J. LADRIÈRE, *Sens et vérité en théologie*, p. 216.

[209] On peut indiquer que la pratique mathématique se caractérise par des constructions de ses objets. On pourrait dire, suivant à la fois les indications de Jean Ladrière, que les mathématiques construisent leur objet, mieux, le découvrent en le construisant. C'est le thème du constructivisme qui est présupposé ici. Quant à Yvon Gauthier, il postule le caractère constructiviste de l'activité mathématique. Selon le constructivisme, ainsi qu'on le verra plus loin, considère les objets mathématiques en tant que des constructions mentales. Pour plus de détails à ce sujet, se référer à J. LADRIÈRE, « Sciences et discours rationnel », p. 553, col. 1 ; Y. GAUTHIER, « Les fondements des mathématiques », in A. JACOB (éd.), *Encyclopédie philosophique universelle*. I. *L'univers philosophique*, p. 543, col.1.

[210] J. LADRIÈRE, *Sens et vérité en théologie*, p. 216-217.

[211] J. LADRIÈRE, *L'articulation du sens*. II., p. 261.

[212] *Ibid.*

[213] J. LADRIÈRE, *L'espérance de la raison*, p. 180.

[214] J. LADRIÈRE, « Sciences et discours rationnel », p. 552, col. 1

[215] J. LADRIÈRE, « Les instituions de la raison », p. 19.

celui de la géométrie qui « a sans doute joué un rôle important dans la découverte de la fécondité de la démonstration »[216].

Ces indications nous permettent de considérer à nouveaux frais les questions fondationnelles. En fait, on a considéré la théorie axiomatique des ensembles, apparue grâce aux travaux de Georg Cantor, comme constituant le fondement des mathématiques. Avec cette théorie, on a également introduit la théorie des catégories et on a été conduit à s'interroger sur la façon dont la notion d'ensemble peut se généraliser dans le cadre de la théorie des catégories. Selon Jean Ladrière, on est alors parvenu à poser que la collection formée par tous les ensembles, « munie de toutes les applications (d'un ensemble dans un ensemble), forme une catégorie »[217]. La généralisation de la notion d'ensemble exige, au préalable, de caractériser la classe des catégories susceptibles d'être considérées comme analogues à la théorie des ensembles. Ce problème trouve satisfaction dans la notion de topos.

3.4. L'évolution de la géométrie et la question des fondements

Il y a également lieu, comme Edmund Husserl l'a fait en posant la question de l'origine de la géométrie, titre sous lequel il rassemble toutes les disciplines qui traitent de formes dont l'existence mathématique se déploie dans la spatio-temporalité pure, de rappeler l'évolution de la géométrie. L'idée fondamentale de Husserl est de s'interroger « sur le sens le plus originaire selon lequel la géométrie est née un jour < et, > dès lors, est restée présente comme tradition millénaire, le reste encore pour nous et se tient dans le vif d'une élaboration incessante »[218]. Cette élaboration incessante est expression à la fois de ce qui se construit actuellement et de ce qui, à travers la tradition, s'est effectivement construit. La possibilité d'une question en retour sur les commencements originaires et engloutis est ouverture à la question des fondements. Ces commencements sont des productions de l'esprit. La géométrie, on doit le reconnaître,

---

[216] J. LADRIÈRE, « Les instituions de la raison », p. 19.

[217] J. LADRIÈRE, « La forme et le sens », in A. JACOB (éd.), *Encyclopédie philosophique universelle*. I. *L'univers philosophique*, p. 480, col.2.

[218] E. HUSSERL, *L'origine de la géométrie*, traduction et introduction par Jacques Derrida, Paris, PUF, 1974, p. 175.

n'y échappe pas. Notre géométrie, qu'elle soit euclidienne ou non euclidienne, transparaît « comme un acquis total de productions spirituelles qui, dans le procès d'une élaboration, s'étend par des acquis nouveaux en de nouveaux actes spirituels »[219]. Elle est comme un lieu de concaténation et d'articulation de la raison en tant que celle-ci est source originante de ces acquis.

L'esprit est créateur d'activités nouvelles à partir de ce qui existe en même temps qu'il procède d'une synthèse continuelle où l'on retrouve les acquis. Ce mouvement de l'esprit procède dans un horizon qui permet au scientifique de dessiner et de retracer une progression continue et d'entrer dans un progrès de connaissance en tant qu'il opère dans cet horizon. On comprend dès lors que la géométrie, comme toute science, se rapporte à une chaîne qui renvoie à son origine, à son fondement. Selon l'idée fondamentale d'Edmund Husserl, la science, « et en particulier la géométrie, avec un tel sens d'être, doit avoir eu un commencement historique, et ce sens lui-même une origine dans un acte producteur ; ceci, en premier lieu, à titre de projet et ensuite dans le succès de l'accomplissement »[220]. Cet acte producteur n'est autre que l'acte de l'esprit ou de la raison qui, pour ainsi dire, crée, découvre et accomplit des objets a priori ou à partir de ce qui est là.

L'intervention de l'esprit humain permet de rendre accessible l'existence géométrique. Cette dernière, selon Edmund Husserl, n'est pas existence psychique ou de quelque chose de personnel dans la sphère personnelle de la conscience ; « elle est existence d'un être-là, objectivement, pour "tout-le-monde" (pour le géomètre réel et possible ou pour quiconque comprend la géométrie). Bien mieux, elle a depuis sa proto-fondation une existence spécifiquement supra-temporelle et accessible, comme nous en avons la certitude, à tous les hommes et en premier lieu aux mathématiciens réels et possibles de tous les peuples, de tous les siècles, et ce, sous toutes ses formes particulières »[221]. Cette accessibilité et cette ouverture caractérisent le mode d'être de toute science qui prétend à l'objectivité. On peut, de toute évidence, poser, à la suite du philosophe allemand, que « toutes les formes produites à nouveau par quiconque sur le fondement des formes prédonnées endossent aussitôt la même objectivité. Il s'agit là,

[219] E. HUSSERL, *L'origine de la géométrie,* p. 177.
[220] *Ibid.,* p. 177-178.
[221] *Ibid.,* p. 179.

nous le voyons, d'une objectivité "idéale" »[222]. L'objectivité idéale est à la fois projection et concrétude de l'activité de la raison telle qu'elle se dessine et s'exerce dans l'esprit du mathématicien[223].

Il y a comme une mise en exergue d'une idéalisation en tant que condition essentielle du développement et de l'articulation des sciences formelles. Cette mise en évidence est l'expression de ce qu'il convient d'appeler ici fondement épistémologique des sciences formelles. Il y a là une mise en relief et une fixation de l'évidence rationnelle qui permettent de faire naître des formations idéales transmissibles dans une universalité inconditionnée. Cette universalité inconditionnée a pour arrière-fond un présupposé a priori d'autant plus que ce présupposé élève une prétention à une objectivité inconditionnée. On se tient là devant le grand et profond horizon de la raison. On comprend dès lors que l'on soit appelé à élucider l'essence épistémologique des mathématiques en regardant vers l'a priori historique universel où s'articule la raison qui donne sens à tout ce qu'elle construit, spécialement dans les sciences formelles. Ce sens, il faut le reconnaître, conduit vers « la plus haute question, celle d'une téléologie universelle de la Raison »[224].

3.5. Caractère philosophico-scientifique des fondements des mathématiques

La question de la téléologie universelle de la raison nous renvoie à nouveaux frais à celle des fondements des mathématiques. En fait, il importe de rappeler que la question de la recherche fondationnelle est au cœur des discussions logiques, mathématiques et philosophiques. Et cela, d'autant plus que, comme l'explique bien Yvon Gauthier, il y a lieu de noter l'enchevêtrement de la logique, des mathématiques et de la philosophie. Enchevêtrement qui repose sur le fait que ces disciplines sont le plus souvent considérées comme des chevilles ouvrières des démarches rationnelles. On peut rappeler, en fait, que « l'analyse fondationnelle et l'examen critique des théories

---

222E. HUSSERL, *L'origine de la géométrie,* p. 179.

223 Pour un exposé plus détaillé, lire J. LADRIÈRE, « La pertinence d'une philosophie de la nature aujourd'hui », in INSTITUT CATHOLIQUE DE PARIS, *De la nature. De la physique classique au souci écologique*, présentation de Pierre Colin, Paris, Beauchesne, 1992, p. 64.

224 E. HUSSERL, *o.c.,* p. 215.

mathématiques (et logiques) sont devenus des entreprises qui relèvent à la fois de la logique, des mathématiques et de la philosophie. Le vocabulaire et les méthodes de la recherche fondationnelle ne sont plus limités aux ressources philosophiques traditionnelles et le langage formel y est un instrument indispensable »[225].

On comprend dès lors le caractère interdisciplinaire du problème des fondements des mathématiques. Ce problème est à la fois un problème scientifique et philosophique d'autant plus qu'il exige au préalable un travail de clarification critique des formes de pensée, des modes de conceptualisation et des procédures de validation des démarches. Il est aux avant-gardes des présuppositions. Celles-ci font apparaître le caractère critique de la démarche scientifique à deux niveaux : « d'une part, au niveau de la recherche elle-même, qui met en œuvre de façon systématique des procédures de validation, d'autre part, au niveau des recherches fondationnelles, qui soumettent à une épreuve de discernement ces procédures elles-mêmes »[226].

Deux thèmes philosophiques paraissent aborder le mieux la question de la recherche fondationnelle, plus exactement celle des mathématiques : le réalisme et le constructivisme. Le réaliste est considéré comme un naïf en ce sens qu'il se contente d'adopter une attitude naïve face aux questions fondationnelles. Pour lui, le mathématicien a l'impression de découvrir et « ce qu'il construit est artificiel, alors que ce qu'il trouve est profond dans bien des cas »[227]. À ce stade, le mathématicien accuse un déficit en ce sens qu'il n'est pas en mesure de formuler la bonne théorie mathématique et ne jouit d'aucun privilège de praticien d'autant plus que « la distance critique, le recul théorique ou encore le cadre conceptuel peuvent lui faire défaut »[228]. Une exception est cependant mentionnée dans l'attitude de certains praticiens réalistes, tels que Kurt Gödel et René Thom. Au sujet du réalisme de Kurt Gödel, Yvon Gauthier prend soin d'écrire : « Le réalisme ou le platonisme (le réalisme platonicien) à la Gödel suppose que les objets idéaux des mathématiques sont semblables aux objets sensibles et qu'ils sont perceptibles par l'intuition

[225] Y. GAUTHIER, « Les fondements des mathématiques », p. 541, col.2.
[226] J. LADRIÈRE, « Sciences et discours rationnel », p. 552, col. 1
[227] Y. GAUTHIER, *o. c.,* p. 542, col.2.
[228] *Ibid.*, p. 543, col. 1.

intellectuelle »[229]. Il note cependant qu'une telle conception semble relever davantage d'une prise de position métaphysique plutôt que d'une analyse de la pratique mathématique.

Par ailleurs, le constructivisme, en tant que seconde théorie globale de l'activité mathématique, prend une direction contraire à celle du réalisme et « soutient que les objets mathématiques sont des constructions mentales (c'est-à-dire linguistiques) d'un agent constructeur qui crée librement l'univers mathématique »[230]. On a là la matrice des théories-mères des fondements des mathématiques.

Au sujet de la théorie des ensembles, Yvon Gauthier évoque la preuve de la consistance de l'hypothèse du continu et de l'axiome du choix avec Z-F obtenue par Gödel en 1938 et la preuve d'indépendance obtenue par Cohen en 1963. Nous ne nous y attardons pas. Le système de Zermelo-Fraenkel constitue un socle à l'axiomatique des ensembles, selon laquelle il « existe tout objet qui peut être construit conformément aux axiomes »[231]. Pour Jean Ladrière, ces axiomes donnent un contenu rigoureux à la notion d'ensemble en indiquant quels sont les ensembles de base et quels sont les procédés d'engendrement qui permettent de passer d'une classe donnée d'ensembles à des ensembles plus complexes. Les systèmes de Zermelo-Fraenkel « utilisent la relation d'appartenance (d'un élément à un ensemble) et celle d'inclusion (d'un ensemble dans un autre »[232]. « Les différentes branches de la théorie des fondements, écrit Jean Ladrière, se présentent sous une forme technique rigoureuse mais chacune d'elles présuppose une certaine conception de l'être mathématique »[233].

L'intuitionnisme, variété de constructivisme et une des directions des recherches sur les fondements, fonde son originalité et sa logique dans le rejet du tiers-exclu[234]. On ne peut concilier l'interprétation intuitionniste des connecteurs et des quantificateurs et le tiers-exclu. Les notions et les constructions (les preuves sont des constructions) « ont un contenu effectif : il faut définir explicitement les étapes finies d'un procès de construction ou d'une démonstration en évitant d'avoir recours à des totalités infinies inachevées, à des

[229] Y. GAUTHIER, « Les fondements des mathématiques », p. 543, col. 1.
[230] *Ibid.*, p. 542, col. 1.
[231] J. LADRIÈRE, *Les limitations internes des formalismes*, p. 25.
[232] *Ibid.*, p. 25-26.
[233] *Ibid.*, p. 25.
[234] B. LECLERCQ, *Intuition et déduction en mathématiques*, p. 163.

principes de preuve inadmissibles comme tiers-exclu ou preuve indirecte »[235]. Ainsi :

> La notion de suite est une notion intentionnelle, c'est-à-dire définie par ses propriétés plutôt que par ses membres. Ainsi à la notion d'ensemble correspond dans l'intuitionnisme la notion d'espèce. Les espèces seront donc des totalités ouvertes de propriétés bien définies et la notion de suite consiste justement en un procès qui associe à tout nombre naturel un objet mathématique qui appartient à une espèce X quelconque. Il y a plusieurs notions de suite : suite régulière, suite irrégulière et suite de choix[236].

Dès lors, le développement des recherches fondationnelles ont connu des théories diverses ayant une même visée : donner aux mathématiques des bases solides au moyen desquelles elles doivent se rendre efficaces et inébranlables. Pour nous, toutes ces orientations sont des formes diverses d'effectuation de la raison dans la mesure où c'est la raison qui est cette instance fondatrice ultime. Cet aspect constitue une toile de fond des idées que nous soutenons, idées qui constituent pour nous une position nouvelle d'un ancien problème que celui des fondements des mathématiques.

On ne peut actuellement concevoir et poser à nouveaux frais le problème des fondements des mathématiques qu'en termes de son inscription dans l'horizon de la raison et de son histoire. La raison est immanente aux recherches fondationnelles sur les mathématiques qu'elle fonde et inspire continûment.

---

[235] Y. GAUTHIER, « Les fondements des mathématiques », p. 544, col. 2.

[236] *Ibid.*

CHAPITRE IV
FORMES ET OBJETS DES SCIENCES FORMELLES

Les sciences formelles construisent des objets au moyen des définitions exactes. Ces objets prennent des formes précises que l'esprit humain tente de saisir et de définir. Ces objets et ces formes requièrent une intelligibilité susceptible de les rendre transparents à l'esprit. C'est sur cette voie que les sciences formelles se développent et progressent. La forme décisive de ce progrès consiste en la découverte de nouveaux objets, par thématisation des modes de fonctionnement des objets connus. Ainsi la découverte cesse d'être une simple reconnaissance d'un contenu donné d'emblée à la fois dans son existence brute et dans son intelligibilité, pour devenir une activité constituante. Nous voudrions, suivant les vues développées par Jean Ladrière, mettre en perspective le caractère rationnel des constructions logico-mathématiques et analyser l'exactitude de la pensée formelle.

4.1. Caractère rationnel des objets des sciences formelles

Il est important de suggérer l'intelligibilité des formes et des objets dont s'occupent les sciences formelles. Nous tenterons de montrer la fécondité de l'esprit humain dans la construction des objets et dans le processus de leurs définitions. Il s'agit de montrer, suivant l'explication de Jean Ladrière, que « la pensée formelle est pensée exacte. Cela signifie qu'elle coïncide parfaitement avec son objet, qu'elle s'en donne une compréhension adéquate, ou encore, ce qui revient au même, qu'elle se contrôle parfaitement elle-même, et se redouble en quelque sorte entièrement dans l'acte même de son effectuation »[237]. Ces indications nous permettront de rendre compte du caractère rationnel des constructions formelles et de leur mode opératoire. Ce qui suppose une prise en compte de l'idée d'opération dans l'effectuation des sciences formelles.

Dans la mesure où le domaine du formel relève de la pensée pure, ses objets relèvent également de ce qui est intelligible. Les objets des sciences formelles et des connaissances qu'elles offrent relèvent des modes divers de concaténation et de transformations en lesquels s'effectue l'opérativité de la raison.

Le terme générique de sciences formelles recouvre les mathématiques et la logique[238]. Ces sciences se caractérisent par un raisonnement de type déductif, à partir duquel on découvre, au fil de son déploiement, un aspect purement rationnel. Le raisonnement en vogue dans ces sciences est de type démonstratif et déductif d'autant plus qu'elles établissent des énoncés à partir desquels elles déduisent des vérités. Ces vérités reposent sur des critères de légitimation des énoncés et des axiomes qui sont postulés[239]. Ces critères de vérité sont des éléments qui permettent de rendre efficaces et cohérents des énoncés postulés. Jean Ladrière montre que ces conditions d'efficacité et de cohérence supposent au départ une idée de connaissance rationnelle à mesure que cette idée découvre en elle-même ce qui la rend valide et acceptable à la raison.

Nous nous proposons ici, à la suite de Jean Ladrière, de montrer que la raison s'articule dans les sciences formelles et les fonde. Autrement dit, il s'agit de considérer l'articulation de la raison dans sa dimension totalement théorique dans la mesure où ces disciplines mettent en exergue cette dimension. Nous prenons en compte l'immense travail d'abstraction, de généralisation, de systématisation et de symbolisation que l'esprit effectue et met en œuvre dans le déploiement des sciences formelles.

---

[237] J. LADRIÈRE, *L'articulation du sens*. I., p. 170.

[238] À ces deux disciplines scientifiques, il y en a, actuellement, qui ajoutent l'informatique.

[239] A. HOUZIAUX, *Dieu, à la limite de l'infini. Une légitimation du discours théologique*, Paris, Cerf, 2002.

4.2. Exactitude des définitions des objets des sciences formelles

La démarche des sciences formelles se fonde sur des définitions exactes des objets. Et cela au moyen de propriétés qui excluent toute ambiguïté. Les caractérisations que l'on propose ici sont complètes. Il n'y a pas d'approximation. L'exactitude des définitions se justifie en ce sens que celles-ci « donnent toutes les conditions, à la fois nécessaires et suffisantes, d'appartenance à la classe considérée »[240]. Elles sont accompagnées de signes et de concepts en tant qu'unités élémentaires qui font partie d'un langage approprié et à partir desquelles elles sont formulées.

Il est certes difficile d'établir une nette distinction entre la logique et les mathématiques ; difficulté due à la compénétration de ces sciences : « Le fait décisif est que la logique s'est révélée susceptible d'être étudiée par des méthodes qui ont depuis longtemps fait leurs preuves en mathématiques. La notion de système formel offre une représentation parfaitement claire de cet état de choses »[241]. Gottlob Frege partage cette même opinion, qui tient pour impossible une séparation nette entre logique et mathématiques. Ainsi écrit-il : « Plus les mathématiques doivent refuser les secours de la psychologie, moins elles peuvent nier leur rapport étroit à la logique. Et je partage l'opinion de ceux qui tiennent pour impossible de les séparer nettement »[242].

Pour Jean Ladrière, ce qu'il y a de caractéristique dans ces sciences, « c'est qu'elles procèdent par voie démonstrative (ou déductive) »[243]. La démarche déductive guide le raisonnement dans leur articulation et leur développement. Le caractère démonstratif les domine, les traverse et les détermine ; il pose les critères de rationalité et permet de considérer ces sciences comme constituant le paradigme de la rationalité.

On pourrait soutenir que les objets des sciences formelles sont idéaux, c'est-à-dire qu'ils sont avant tout des constructions rationnelles. En fait, ce qui permet de donner des définitions exactes des objets étudiés, c'est le fait que, précisément, ces objets émanent de ce qui est construit. « On pourrait les caractériser en disant que ce

---

240 J. LADRIÈRE, *La foi chrétienne et le destin de la raison*, p. 88.
241 J. LADRIÈRE, « Sciences et discours rationnel », p. 552, col. 2.
242 G. FREGE, *Les fondements de l'arithmétique*, p. 121.
243 J. LADRIÈRE, *La foi chrétienne et le destin de la raison*, p. 88.

sont des objets idéaux, ou encore que ce sont des objets construits par l'esprit, au moyen d'opérations spécifiques plus ou moins complexes »[244]. Ces opérations spécifiques sont l'expression parfaite de la saisie réflexive de la raison d'autant plus qu'elles mettent en œuvre un pouvoir, qui est appelé à se démontrer à lui-même « en son effectivité avant de s'apparaître à lui-même en sa détermination intrinsèque »[245]. Ce pouvoir se rend davantage manifeste dans une sorte de concaténation discursive qui fait intervenir un moment réflexif.

Les états de choses que les objets expriment « sont constitués par des situations qui concernent des entités abstraites, telles que les preuves s'il s'agit de logique, les nombres entiers, les fonctions de variables réelles, les espaces topologiques, et ainsi de suite, s'il s'agit de mathématiques »[246]. D'ailleurs, comme le fait bien observer Jean Ladrière, un des aspects essentiels des sciences formelles, « c'est que, dans ces sciences, on peut définir les objets dont on parle d'une manière exacte »[247]. C'est parce que ces objets ne sont pas empiriques qu'ils nous aident et nous conduisent à formuler des définitions exactes. On peut évoquer la différence entre l'objet des sciences formelles et celui des sciences empirico-formelles. Herman Günther Grassmann mentionne cette différence de l'être ou de l'objet que la pensée construit dans le cadre des sciences formelles et de celui des sciences réelles :

> Pour les sciences réelles, cet être est indépendant et existe par lui-même en dehors de la pensée. Mais pour les sciences formelles, il est posé par la pensée qui maintenant fait elle-même face, à son tour en tant qu'être, à un second acte de pensée. Si, maintenant, la vérité en tant que telle repose sur la concordance de la pensée avec l'être, elle repose en particulier pour les sciences formelles sur une concordance du second acte de pensée avec l'être posé par le premier acte, c'est-à-dire sur la concordance des deux actes de pensée. Ainsi, dans les sciences formelles, la démonstration ne sort pas de la sphère de la pensée et reste purement dans la combinaison des divers actes de pensée. Pour ce faire, les sciences formelles ne doivent pas partir d'axiomes comme le font les sciences réelle ; mais ce sont les définitions qui forment leur fondement[248].

---

244 J. LADRIÈRE, *La foi chrétienne et le destin de la raison*, p. 88.

245 J. LADRIÈRE, « La forme et le sens », p. 475, col.2.

246 J. LADRIÈRE, « Les sciences humaines et le problème de la scientificité », in *Les Études Philosophiques* 2 (avril-juin 1978), p. 136.

247 J. LADRIÈRE, *La foi chrétienne et le destin de la raison*, p. 88.

248 H. G. GRASSMANN, *Die lienale Ausdehmenslehre*, p. 22.

Ce qui est visé ici, mieux, clairement indiqué, c'est le caractère purement intelligible et idéal de ces objets. Caractère qui nous met pratiquement au centre de la pensée formelle. Des notions, comme celle d'intelligence géométrique développée au début du XXe siècle par Émile Borel, sont à la fois importantes et suggestives[249]. Nous pouvons, dans la même perspective, évoquer des notions indispensables comme celles de théorie des ensembles et de théorie des catégories. Toutes ces notions mettent au centre de leur développement un caractère purement intelligible ou rationnel.

On a toujours considéré que les objets mathématiques sont des objets idéaux au point qu'« il est possible dès lors d'obtenir à leur sujet une connaissance parfaitement adéquate, une image pure, dans laquelle toutes les hésitations de l'approche, tous les tâtonnements de la découverte et finalement les gestes mêmes de la délimitation qui pose fermement le contenu sont éliminés, oubliés, surmontés, comme l'échafaudage que l'on enlève après l'achèvement de l'édifice »[250]. C'est là peut-être l'aspect le plus remarquable de la pratique mathématique en ce sens que celle-ci crée ses objets. Ce qui est dit de la pratique mathématique concerne évidemment la pratique scientifique moderne. On pourrait, dans cette perspective, noter que cette pratique procède en deux sens : d'un côté, elle conçoit ses objets et de l'autre elle les réalise.

On peut concevoir deux droites qui se rencontrent sur un point donné, étant constituées des éléments contenant chacun des points en ordonnée et en abscisse à partir desquels il y a lieu de construire de nouvelles droites. La réalisation concrète de ces figures paraît normale aux yeux du profane dans la mesure où il n'a pas conscience du travail que l'esprit effectue au moyen de ses propres ressources

[249] Émile Borel (1871-1956) fut un des plus importants mathématiciens français du XXe siècle. Ses travaux sur la théorie de la mesure, qu'il contribua à fonder, sur les fonctions et sur les séries divergentes, furent déterminants pour le développement ultérieur des mathématiques. Dans un article consacré à *L'évolution créatrice* de M. Henri Bergson, il formule l'objection concernant ses aspects mathématiques, moins saillants à première vue, et aborde la question de l'évolution de l'intelligence géométrique. Frédéric Worms, dans la première édition critique de *L'évolution créatrice* de M. Henri Bergson, qu'il dirige, a pris soin de reprendre cet article en son intégralité. Pour plus de détails à ce sujet, lire É. BOREL, « L'évolution de l'intelligence géométrique », in H. BERGSON, *L'évolution créatrice*, La première édition critique de Bergson sous la direction de Frédéric Worms, 11e édition, (Quadrige), Paris, PUF, 2009, p. 605-611.

[250] J. LADRIÈRE, « Objectivité et réalité en mathématiques », p. 551.

internes avant de construire concrètement ce qu'il a intérieurement construit. La figure ci-dessous rend compte de tout cela :

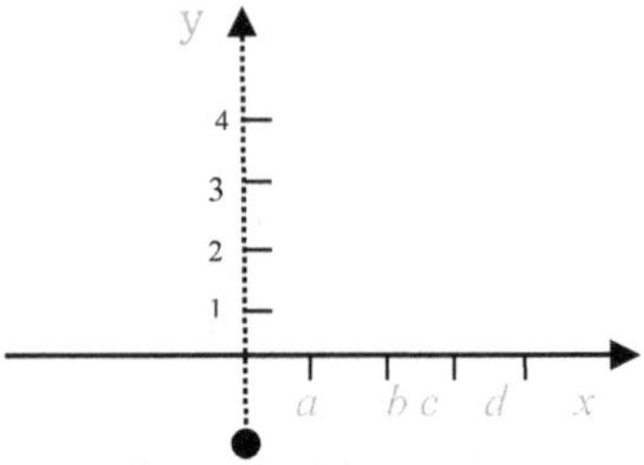

À partir de ces deux droites, on peut construire de nouvelles droites. On peut se servir des points de chaque droite pour tracer de nouvelles droites. Ces droites sont des objets pratiquement nouveaux construits à partir des éléments qui existent. Elles peuvent être tracées suivant l'orientation qu'un géomètre peut librement indiquer selon le sens qu'il veut donner à son entreprise scientifique. On pourrait tracer une nouvelle droite qui pourrait partir d'un point donné en ordonnée jusqu'à un autre point en abscisse.

Il en découle que la pratique scientifique conçoit ses objets, grâce à la théorie, qui lui fournit un espace pur d'opérations, de nature essentiellement logique, dans lequel elle peut construire, à partir d'objets déjà connus, des objets nouveaux, en tant qu'objets possibles. Le rôle que jouent les mathématiques est essentiel « puisqu'elles offrent précisément à l'esprit une sorte de domaine idéal de réalisation, qui n'a pas d'autre sens que de servir de support à des opérations réglées, grâce auxquelles peuvent être engendrées de façon systématique de nouvelles possibilités opératoires qui, à leur tour, pourront servir de support à des opérations de niveau le plus élevé et ainsi de suite »[251]. En arithmétique, par exemple, le cas d'une opération comme la multiplication est fort intéressant dans la mesure où l'esprit peut, à partir des objets élémentaires, construire systématiquement de nouveaux objets qui, à leur tour, pourront servir de support à la construction d'objets plus complexes.

Or la construction d'objets plus complexes n'est possible qu'à partir des traits structuraux qui existent. On peut reprendre, en arithmétique, l'exemple de l'opération de la multiplication évoquée tantôt et indiquer un profil relationnel entre les objets qui existent déjà et ceux qui peuvent être engendrés grâce à ceux-là mêmes. On

---

[251] J. LADRIÈRE, « Vérité et praxis dans la démarche scientifique », p. 294.

peut illustrer cela au moyen d'un cas pris au hasard et voir comment le champ mathématique offre à l'esprit un domaine idéal de réalisation. À partir du nombre 2, on peut procéder à la construction d'une infinité d'objets nombrants. En considérant toujours la multiplication, on peut, grâce au chiffre 2, réaliser le chiffre 2048. Plus exactement, on peut facilement construire le chiffre 2048 à partir de 2^{10}. C'est dans cette perspective que l'on peut comprendre la portée du champ mathématique dans la construction de ses objets. Aussi, pour saisir la portée de la construction dans un champ mathématique, nous semble-t-il pertinent de recourir à ce que Jean Ladrière propose :

> La construction dans un champ mathématique, écrit-il, ne donne cependant qu'une esquisse, qui indique des traits structuraux, un profil relationnel, mais au niveau seulement d'une possibilité. Plus exactement, ce que fait apparaître cette construction, c'est que l'existence de tel objet, non encore rencontré dans l'expérience, est compatible avec tout ce que l'on sait déjà par ailleurs des systèmes naturels, ou même, dans les meilleurs cas, que son existence est hautement plausible, voire appelée d'une manière quasi contraignante par ce qui est déjà connu. Les considérations d'ordre structural jouent ici un rôle capital ; c'est ce qui fait d'ailleurs comprendre le rôle des mathématiques, qui fournissent précisément le langage nécessaire pour parler des structures. C'est dans la mesure où ce qui est déjà connu suggère une structure mais où, par ailleurs, les objets recensés ne correspondent qu'à une partie de la structure, que l'on est amené à supposer l'existence d'objets correspondant aux cases vides de la structure[252].

Jean Ladrière parle des objets recensés comme des supports à des objets dont l'esprit est amené à supposer l'existence. C'est que, l'esprit ne s'arrête pas à concevoir les objets, il les réalise en les figurant et en les nombrant.

4.3. Figuration et nombrassions : transparence de la raison

Les éléments que les mathématiques construisent sont des éléments reçus *a priori*. Ils sont homogènes. Jean Ladrière insiste sur le fait que les sciences formelles procèdent à partir du simple et de l'homogène qu'elles présupposent. « Dans un autre langage, on pourrait dire qu'elles construisent leurs objets, à partir des formes les plus élémentaires, comme les nombres et les objets géométriques. Ces constructions restent dans l'idéal, et pourtant elles s'adaptent dans le concret, comme on le voit dans la physique

[252] J. LADRIÈRE, « Vérité et praxis dans la démarche scientifique », p. 294-295.

mathématique »[253]. Il y a là une constitution des espèces idéales qui se présentifient dans le processus de figuration et de nombrassions.

En considérant l'un ou l'autre cas, c'est-à-dire celui de figuration ou de nombrassions, on pourrait noter que des objets mathématiques qui y sont construits sont des objets ordinaires. En d'autres termes, et cela nous paraît évident, les objets ordinaires dont il est question ici « sont essentiellement les figures de la géométrie et les nombres de l'arithmétique »[254]. Mais ces objets ordinaires reçoivent une signification rationnelle dans la mesure où ils acquièrent un affinement théorique au moyen duquel ils parviennent à atteindre un degré élevé d'abstraction.

Jean Ullmo révèle la relation entre l'affinement de l'instrument mathématique et l'augmentation de précision de l'utilisateur en ces termes : « L'instrument mathématique s'affine à mesure qu'augmente la précision exigée par l'utilisateur »[255]. Cette précision se rend davantage manifeste dans la démonstration, qui, si l'on accepte le point de vue que l'on soutient ici, constitue un autre aspect essentiel et caractéristique de la rationalité des sciences formelles. Les objets étudiés se déploient dans des théories formelles, qui sont faites d'axiomes et de propositions qui s'en déduisent par voie démonstrative. O, le voit, la démonstration occupe une place décisive dans la mesure où elle « permet précisément de rattacher toutes les propriétés de l'objet étudié aux axiomes au moyen desquels cet objet est caractérisé fondamentalement »[256].

La notion d'objet implique celle de forme. La notion de forme est d'une portée significative dans la pensée formelle et occupe une place à la fois indéniable et indispensable au point qu'elle a conduit les scientifiques à reconnaître son rôle dans les étapes essentielles de la constitution de la raison. Jean Ladrière relève un lien étroit entre la reconnaissance du rôle de la forme et la constitution de la raison et précise que cette reconnaissance « constitue l'une des étapes essentielles de la constitution de la raison. Plus exactement, elle marque le moment où commence la réflexion de la raison sur elle-même et l'élaboration d'un discours où elle devient capable de se représenter pour elle-même sa propre possibilité et son propre

[253] J. LADRIÈRE, *Sens et vérité en théologie*, p. 217-218.
[254] J.-C. DUMONCEL, *Philosophie des mathématiques*, Paris, Ellipses, 2002, p. 6.
[255] J. ULLMO, *La pensée scientifique moderne*, Paris, Flammarion, 1958, p. 12.
[256] J. LADRIÈRE, *La foi chrétienne et le destin de la raison*, p. 89.

destin »[257]. Il y a là comme un auto-exercice de la raison avant de devenir saisie réflexive de ses opérations et du pouvoir que ces dernières mettent en œuvre.

La conception moderne nous permet de comprendre le rôle que jouent les axiomes dans la définition des objets étudiés. Comme on l'a déjà indiqué, la fécondité des axiomes s'est révélée dans la présentation moderne de la théorie des nombres entiers dans la mesure où, dans cette théorie, « la notion de nombre entier est caractérisée de façon exacte au moyen d'un ensemble d'axiomes, les axiomes de l'arithmétique »[258]. En un sens, les axiomes permettent de donner une forme aux objets mathématiques. Ce sont ces formes que l'on associe aux opérateurs qui agissent sur les propriétés de ces formes et sur leurs effectuations concrètes et possibles. On sait que « les objets mathématiques se laissent appréhender en toute clarté, en s'exposant en quelque sorte d'un seul coup et selon la totalité de leur essence dans les axiomes qui servent à les définir : chacune de leurs propriétés peut être rattachée par des liens démonstratifs de caractère effectif aux propositions axiomatiques en lesquelles ils sont présentés »[259]. Ces propositions permettent de rendre compte du caractère intelligible des objets idéaux.

Cependant Jean Ladrière a été conduit à s'interroger sur la façon dont des objets idéaux peuvent être une source d'intelligibilité. À partir de cette interrogation, il a développé l'idée selon laquelle un objet est intelligible dans la mesure où il se prête à être compris. Pour lui, comprendre c'est saisir un sens. L'idée de saisie d'un sens déborde le domaine purement herméneutique caractéristique des sciences humaines et prend un ancrage dans les sciences formelles. Une combinaison de signes a nécessairement besoin d'un langage dans lequel on doit l'interpréter dans le but de faire venir au jour la signification de ces signes et de ce à quoi ils renvoient effectivement. L'intelligibilité d'une forme ou d'un objet reste envisageable dans la mesure où le langage qu'on utilise est cet instrument au moyen duquel l'esprit arrive à révéler le sens d'une forme ou d'un objet mathématique ou logique. Comme nous l'avons déjà fait remarquer, si l'on a besoin d'un cadre interprétatif pour comprendre les formes et les objets construits, inversement, c'est en partie la considération attentive des formes et des objets qui, du reste, « peut donner le

[257] J. LADRIÈRE, « La forme et le sens », p. 475, col.2.
[258] J. LADRIÈRE, *La foi chrétienne et le destin de la raison*, p. 88.
[259] J. LADRIÈRE, « La forme et le sens », p. 487, col. 2.

branle à l'imagination théorique et suggérer des schèmes d'interprétation »[260].

Cela fait apparaître que la question porte essentiellement sur le rapport de la forme et du sens. Jean Ladrière indique, à cet effet, qu'à première vue, « une entité formelle n'est qu'une simple combinatoire de signes, réduits à leur propre matérialité scripturaire, dépourvus de tout pouvoir de signification »[261]. Cette vue approximative de l'objet formel, qui le réduirait à une combinatoire de signes qui le rendent visible et qui seraient dépourvus de toute signification, n'est qu'une oblitération de la vraie nature de l'objet lui-même. Jean Ladrière attire notre attention sur le fait qu'il ne faut pas confondre une entité formelle et sa représentation. Comme on le sait, il est indispensable, pour présenter un objet idéal, de le rendre visible au moyen d'un support symbolique, qui, de proche en proche, en montre les articulations internes. Mais on doit savoir que « cet objet lui-même est indépendant des moyens par lesquels on le rend accessible à l'analyse et à la communication »[262]. Sa valeur se situe dans son idéalité, en ce sens, précisément, « que détaché de toutes ses représentations possibles, en tant qu'il est l'abstraction de ses représentations. La question du sens concerne la forme en tant qu'idéale, non les systèmes de signes qui servent à la montrer »[263].

[260] J. LADRIÈRE, « L'inertie du champ épistémologique », p. 4.
[261] J. LADRIÈRE, « La forme et le sens », p. 488, col.1.
[262] *Ibid.*
[263] *Ibid.*

CHAPITRE V
LOGIQUE ET INSTAURATION DE LA RAISON

On peut d'une part considérer que la logique est une science des enchaînements propositionnels et d'autre part indiquer que ces enchaînements rendent compte de l'instauration de la raison. C'est ce que l'on peut retenir de ces propos de Jean Ladrière : « La logique est apparue depuis les origines comme la discipline rationnelle par excellence, qui non seulement met en œuvre pour elle-même, dans un espace particulier, l'ordre de la raison, mais en constitue d'indispensables prolégomènes en même temps que le paradigme privilégié »[264]. À poursuivre dans cette voie, il y a lieu de dire que le développement de la logique « conduit à l'idée d'une science du second ordre, qui ne porte plus sur les objets sensibles ou idéaux, mais sur les démarches par lesquelles ils sont étudiés et compris. La logique, sous sa forme généralisée, devient canon de la raison »[265]. En ce canon il y a un outil rigoureux.

5.1. Logique traditionnelle et logique moderne

Le souci de mettre à leur portée un outil plus rigoureux et plus précis a conduit les logiciens et les mathématiciens à créer une nouvelle branche en logique, qui devrait se construire sur des bases fort différentes de celles de la logique traditionnelle, généralement connue sous le nom de logique aristotélicienne. Comme on le sait, la logique traditionnelle se contente de considérer des formes de raisonnement très proches de celles du discours naturel ou ordinaire « et s'appuie sur le sens intuitif des opérations déductives qu'elle utilise »[266]. Par contre, la logique moderne, elle, « s'inspire beaucoup plus des analogies mathématiques qui lui ont permis de fixer ses méthodes que des formes du discours naturel et elle s'appuie

[264] J. LADRIÈRE, *Le temps du possible*, p. 176.
[265] J. LADRIÈRE, *L'espérance de la raison*, p. 179.
[266] J. LADRIÈRE, *Les limitations internes des formalismes*, p. 17.

uniquement sur les règles de manipulation au moyen desquelles elle définit ses opérations »[267]. On peut dire que la logique moderne va même jusqu'à concevoir et à réaliser ses propres objets à l'instar des mathématiques. C'est pourquoi on préfère la qualifier de mathématique. Pour Stephen Kleene, cette logique (dite aussi symbolique) « est la logique traitée par les méthodes mathématiques »[268].

La logique moderne, de caractère mathématique, construit et définit ses objets dans un univers formel. Elle arrive à représenter, « par les méthodes nouvelles, certaines formes classiques de déduction ancienne utilisées (comme les syllogismes) »[269]. Cet état de choses a conduit certains penseurs à « considérer la frontière entre logique et mathématique comme arbitraire, puisque l'on ne quitte pas alors le domaine d'objets purement formels, c'est-à-dire définissables et constructibles à la rigueur sans apport empirique »[270]. En ayant recours aux méthodes mathématiques, la logique moderne s'est complètement éloignée de la logique ancienne et se situe à un niveau plus élevé de précision. Son esprit général est analytique comme en mathématiques en ce sens qu'« il faut commencer par étudier les opérations tout à fait élémentaires et donner ensuite des procédés permettant, à partir de là, d'obtenir des opérations de plus en plus complexes, dont le sens peut fort bien d'ailleurs échapper rapidement à l'intuition »[271]. Pour rendre compte de cet état de choses, Jean Ladrière précise : « Comme en algèbre, on se sert d'une notation symbolique : il y a des constantes, des variables, des signes pour désigner les entités élémentaires (propositions, prédicats, etc.) et des signes pour désigner les opérations »[272]. C'est dans cette perspective qu'elle a été très rapidement axiomatisée et a pris une forme déductive. Par-là, la logique est entrée de plain-pied dans la pensée formelle.

---

267 J. LADRIÈRE, *Les limitations internes des formalismes*, p. 17.
268 S. C. KLEENE, *Logique mathématique*, p. 7.
269 J. LADRIERE, *o. c.*, p. 17.
270 G.-G. GRANGER, *Sciences et réalité*, Paris, Odile Jacob, 2001, p. 103.
271 J. LADRIÈRE, *o. c.*, p. 17.
272 *Ibid.*, p. 17-18.

5.2. Théorie de la démonstration et logique inductive

Dans le développement de la pensée formelle, la logique constitue une pratique où l'instauration de la raison prend la forme d'un processus de construction d'objets formels. Ces objets se rendent évidents dans la pratique argumentative qui caractérise la logique. Cette pratique met en œuvre des types d'enchaînement entre propositions capables précisément de transférer, au moins partiellement, la validité d'une ou de plusieurs propositions à une autre. Cela fait apparaître l'idée de forme de raisonnement, et, selon l'élégante formule de Jean Ladrière, « avec elle l'idée d'une discipline chargée d'explorer systématiquement, du point de vue des formes précisément, les possibilités du raisonnement »[273]. Il y a lieu de noter, dès le départ de ces possibilités du raisonnement, l'introduction d'une bifurcation. On a, d'une part, les raisonnements qui garantissent la propagation intégrale du degré de validité des prémisses à la conclusion et, d'autre part, les raisonnements qui permettent seulement de donner un appui partiel à la conclusion. En étudiant le premier type de raisonnement on arrive à la théorie de la démonstration, alors que le second type conduit à la logique inductive.

Considérant le premier type, qui met en œuvre la théorie de la démonstration, Jean Ladrière note qu'au cœur de cette théorie se trouve la notion de règle dont la nature est purement formelle, donc abstraite. Et tout ce qui est abstrait relève d'une construction effectivement rationnelle et intelligible. Au sujet de la notion de règle Jean Ladrière écrit : « La règle est un objet purement formel : c'est la forme d'une transition élémentaire entre propositions »[274]. Cette notion se déploie dans la logique de la déduction naturelle qui, aux yeux du logicien belge, « en donne une présentation particulièrement suggestive et en fournit par là une présentation particulièrement adéquate de l'idée de forme en logique »[275]. Cela conduit à considérer la logique de la déduction naturelle comme une théorie des opérateurs logiques. Ces opérateurs sont des objets purement formels. Ils permettent, à partir d'une ou de plusieurs propositions

---

[273] J. LADRIÈRE, « La forme et le sens », p. 476, col. 1.
[274] *Ibid.*
[275] *Ibid.*

données, considérées comme « bien formées », de construire une nouvelle proposition, qui sera également considérée comme « bien formée ».

On peut, à cet effet, soutenir l'existence de plusieurs opérateurs. Il y a des opérateurs à 1 argument, comme la négation (N), des opérateurs à 2 arguments, comme l'implication, ainsi de suite. La négation, par exemple, est un opérateur à 1 argument qui, à partir d'une proposition *A*, forme la proposition *NA* (négation de *A*). On peut symboliquement ou formellement représenter cet opérateur de négation et la proposition qui en résulte comme suit : ¬A. De même l'équivalence (≡) est un opérateur à 2 arguments qui, à partir de deux propositions *A* et *B*, forme la proposition *A*≡*B* (A équivaut à B). On se rend compte que la logique de la déduction naturelle a pour vertu de caractériser les propriétés des opérateurs logiques en montrant comment ceux-ci peuvent intervenir dans des déductions. « De façon plus précise, elle donne les règles selon lesquelles ces opérateurs peuvent être introduits ou supprimés dans une déduction »[276]. Il y a lieu de considérer, quant à nous, que ces opérateurs logiques sont des éléments qui s'appuient sur les règles en tant que celles-ci sont des objets à partir desquels ces opérateurs induisent des transitions dans le processus de construction ou de formation de propositions.

On pourrait également considérer que les règles de déduction sont construites suivant un opérateur précis. De ce point de vue, on peut s'inspirer, suivant la perspective ouverte par Jean Ladrière, de l'exemple du cas de l'opérateur de l'implication qu'il évoque lui-même. On peut, à ce sujet, noter que le fil conducteur qui permet de construire les règles appropriées pour cet opérateur est l'idée de déduction ou de dérivation. Notre auteur se donne une représentation précise de cette idée au moyen d'une structure d'arbre et indique que les propositions qui interviennent dans une déduction peuvent être considérées comme occupant les nœuds d'un schéma arborescent. La proposition A→B (ou AƆB) pourra être interprétée en termes de déductibilité : la proposition B est dérivable sous supposition exprimée par la proposition A. En termes d'arbre de déduction, la proposition A→B peut occuper le nœud terminal d'un arbre déductif à la condition que la partie de l'arbre surmontant ce nœud constitue un arbre déductif pour la proposition B, toutes les occurrences de A dans cet arbre pourront être éliminées.

---

276 J. LADRIÈRE, « La forme et le sens », p. 476, col. 1.

Selon Jean Ladrière, il y a lieu de représenter cette situation au moyen d'un métalangage MΛ dans lequel on pourra représenter la relation de déductibilité entre propositions d'un langage donné Λ. Ce métalangage constitue un objet formel dans lequel il y a une situation inférentielle. Ainsi, dans ce métalangage, la proposition $X \vdash Y$ représentera la situation inférentielle « *Y* est déductible de *X* », *Y* et *X* étant des propositions du langage Λ. Au cas où l'implication est ainsi interprétée, le schéma suivant, dans MΛ, pourra être formé :

$$\frac{X, A \vdash B}{X \vdash A \supset B}$$

Jean Ladrière explique que ce schéma constitue une règle qui permet d'introduire l'opérateur d'implication dans le conséquent d'une formule de MΛ. Ce qui nous intéresse, à ce stade d'analyse, c'est le fait que ce schéma est une construction formelle qui représente un type caractéristique d'une démonstration. On a une situation inférentielle dans laquelle, sous les suppositions *X* et *A*, on a une dérivation de *B*. Cela permet de passer à une situation inférentielle où, sous la seule supposition *X*, on a une dérivation de A→B[277].

Par ailleurs, on peut considérer aussi un arbre déductif dont le dernier nœud serait coupé par la proposition A→B. Suivant l'interprétation donnée pour l'implication, « cela signifie que ce nœud est surmonté d'un arbre donnant une dérivation de *B* sous la supposition *A* »[278]. En supposant que l'on dispose d'une dérivation de *A* et en plaçant cette dérivation au-dessus de chaque occurrence de *A* dans la dérivation de *B*, Jean Ladrière arrive à postuler l'obtention d'une dérivation de *B* sans supposition. Il exprime cela autrement en indiquant que si on a une dérivation de $A \supset B$ à partir des propositions $C_1, \ldots C_n$, alors on obtient une dérivation de *B* à partir de $C_1, \ldots C_n, A$. La représentation de cette dérivation dans MΛ est effectuée au moyen du schéma suivant :

$$\frac{X \vdash A \supset B}{X, A \vdash B}$$

Aux yeux de Jean Ladrière, ce schéma constitue une règle au moyen de laquelle on arrive à éliminer l'opérateur d'implication dans le conséquent d'une formule de MΛ. Il ajoute que ce schéma

277 J. LADRIÈRE, « La forme et le sens », p. 477, col. 1.
278 *Ibid.*

correspond à la règle classique du *modus ponens*. Il propose son interprétation comme suit : « Si on a une situation inférentielle dans laquelle, sous la supposition *X*, on a une dérivation *A* Ɔ *B* ; alors on peut passer à une situation inférentielle dans laquelle, sous les suppositions *X* et *A*, on a une dérivation de *B* »[279].

Il va sans dire que le sens de l'opérateur d'implication est fixé par ces schémas en indiquant son incidence sur les situations inférentielles auxquelles on peut avoir affaire dans une dérivation. On pourrait évoquer le cas précis de chaque schéma. Selon Jean Ladrière, le premier schéma indique les circonstances dans lesquelles l'opérateur d'implication peut s'introduire dans une situation inférentielle, le second indique les circonstances dans lesquelles il s'élimine.

Il note que dans ces schémas, « les propositions *A* et *B* peuvent être absolument quelconques : les lettres *A* et *B* n'ont d'autre rôle que d'indiquer la place de propositions possibles »[280]. L'opérateur d'implication est expliqué sur la base de la relation de dérivabilité, alors que les schémas sont construits sur la base de cette explication. Ces schémas déterminent complètement le sens de l'opérateur d'implication et permettent de considérer l'implication comme exprimant, à l'intérieur de la langue Λ, la relation de dérivabilité relative aux propositions de Λ, relation exprimée explicitement dans MΛ au moyen du signe ⊢.

Dans cette perspective, Jean Ladrière fait remarquer que les symboles *X*, *A* et *B*, dans MΛ, ne jouent plus le rôle qu'ils avaient dans Λ (celui de proposition ou de suite de propositions) mais ont le statut de termes, reliés par la relation ⊢. Il affirme que les propositions de MΛ sont les expressions du type *X* ⊢ *Y*, où *X* et *Y* sont des termes qui cependant représentent des propositions, ou des suites de propositions de Λ. De ce point de vue, « MΛ exprime ce qui se passe dans Λ et Λ contient en lui-même le reflet de son propre fonctionnement (en ce sens que le signe d'implication, qui intervient comme composante possible des propositions de Λ, correspond à la propriété métathéorique de dérivabilité relative à Λ) »[281].

Ce qui vient d'être évoqué au sujet de la théorie de la démonstration (qui est mise en exergue dans la logique de la déduction naturelle) trouve également un fil conducteur dans la

---

[279] J. LADRIÈRE, « La forme et le sens », p. 477, col. 1.

[280] *Ibid.*

[281] *Ibid.*, col. 2.

logique inductive. Pour Jean Ladrière, la logique inductive tente, dans ce même esprit, de mettre en évidence le schème général de ce type de raisonnement qui s'appuie sur des données limitées pour proposer des affirmations au sujet de l'ensemble du domaine dont relèvent ces données. Cependant, il importe de rappeler, à la suite de notre auteur, sans entrer dans tous les détails, que le projet même d'une logique inductive est contesté par certains qui, reprenant les critiques de David Hume, considèrent la difficulté de justifier la démarche inductive sans avoir recours soit à un principe d'induction du second degré, soit à un principe synthétique *a priori*. Pour Jean Ladrière, une discussion précise sur la justification de l'induction ne peut se dérouler que sur la base détaillée de la démarche inductive, telle qu'elle est pratiquée effectivement dans la démarche scientifique et en particulier dans le raisonnement statistique. À ce sujet, il évoque les travaux de Rudolf Carnap, dont l'idée fondamentale a été de rapprocher l'idée d'induction du concept de probabilité logique.

Jean Ladrière note que, selon Carnap, le terme de « probabilité » désigne deux concepts différents : le concept de probabilité fréquentielle (la probabilité comme limite de fréquence) et le concept de probabilité logique, qui correspond à l'idée intuitive de « degré de crédibilité ». Il soutient que le lien entre ces deux concepts est fourni par la notion de « degré de confirmation ». Pour en rendre compte, il en donne une illustration au moyen de la proposition *I* exprimant les informations disponibles sur un certain domaine d'investigation et de la proposition *H* exprimant une hypothèse émise sur ce domaine. Il pose que le problème de la logique inductive consiste à déterminer le degré de crédibilité à accorder à l'hypothèse *H* sur la base de l'information *I* ou encore le degré de confirmation donné par *I* à *H*.

De là il propose de « représenter ce degré de crédibilité par une fonction de mesure qui dépend de *H* et de *I* et qui prend ses valeurs sur l'intervalle (0,1) de la droite réelle »[282]. Il souligne que l'idée de Carnap est de considérer cette fonction comme une mesure de probabilité en ce sens qu'on doit la construire de telle sorte qu'elle réponde aux axiomes du calcul des probabilités. La fonction de confirmation établit un lien entre l'information disponible et l'hypothèse ; et ce lien doit être analytique en ce sens qu'il dépend entièrement de la structure du langage dans lequel sont formulées les propositions *H* et *I*. La structure de ce langage permet également d'indiquer le degré de confirmation donné de ces propositions, degré

[282] J. LADRIÈRE, « La forme et le sens », p. 478, col. 1.

« qui peut alors être interprété comme le rapport entre l'ensemble des situations possibles (décrites chacune par une description d'état) dans lesquelles *H* est vrai et l'ensemble des situations possibles dans lesquelles *I* est vrai »[283]. Selon Jean Ladrière, cela conduit à considérer que le « degré de crédibilité que l'on peut accorder à *H* une fois que *I* est considéré comme établi correspond très exactement à ce rapport. La théorie du degré de confirmation, basée sur cette idée, représente la démarche inductive selon sa forme, abstraction faite du contenu particulier des propositions sur lesquelles elle opère »[284].

On peut noter que le langage logique, dans lequel ces objets sont construits, concerne en particulier son domaine d'individus et ses prédicats. Ces individus sont des constructions rationnelles qui prennent des formes symboliques au moyen desquelles on émet des hypothèses possibles. Et à partir de ces hypothèses, Jean Ladrière pose la possibilité de définir la notion de « description d'état ». Il affirme : « Une "description d'état" est une proposition qui exprime un état de choses possible, moyennant les ressources du langage disponible »[285]. De ce point de vue, on peut, par exemple, dire que dans un langage qui ne comporte qu'un seul prédicat à un argument *P* et *n* constantes individuelles, une description d'état serait une conjonction formée de *n* propositions élémentaires dont chacune affirme ou nie la propriété par *P* de l'un des *n* individus désignés par les constantes individuelles du langage. Ce qui retient notre attention ici, c'est à la fois ce prédicat à un argument *P* et *n* constantes individuelles. L'argument *P* représente le prédicat dont il est question et *n* individus représentent les propositions élémentaires dont on présente la description d'état. *P* et *n* constantes individuelles sont des objets abstraits qui constituent un langage logique donné. Ce langage est purement artificiel. Il relève d'un caractère totalement intelligible et requiert une interprétation.

5.3. Complexification et diversification de la logique

La logique a longtemps été considérée comme une science de la méthode. Elle s'est extraordinairement complexifiée et diversifiée ; et,

---

283 J. LADRIÈRE, « La forme et le sens », p. 478, col. 1.

284 *Ibid.*

285 *Ibid.*

par conséquent, elle a gagné en efficacité. Elle s'est davantage illustrée dans la construction des systèmes formels. Elle en est venue à dégager le statut exact des concepts fondamentaux et des procédés des sciences existantes et à leur donner une assise critique aussi rigoureuse que possible. En adoptant les méthodes des mathématiques, elle a engendré la logique mathématique.

En fait, en adoptant les méthodes mathématiques, la logique « s'est extraordinairement diversifiée et s'est finalement transformée en une science générale des systèmes formels, qu'il paraît de moins en moins possible de distinguer des mathématiques (au sens traditionnel) »[286]. Jean Ladrière n'hésite pas à dire que le développement de la logique moderne, dont les méthodes se sont fortement inspirées de celles des mathématiques, a fait apparaître de plus en plus clairement que logique et mathématiques relèvent d'un même registre de pensée. Selon lui, « les formes mises en évidence par les recherches logiques et celles qui font l'objet de la recherche mathématique appartiennent en fait à un seul et même domaine »[287]. Il précise que les connexions qu'on a découvertes, « dans le cadre de la théorie des catégories, entre la géométrie algébrique et la logique ont commencé à faire comprendre la nature profonde de cette unité »[288].

Il convient de relever que la fécondité des méthodes de la logique se rend évidente dans les recherches fondationnelles. Il y a donc des procédés utilisés pour construire un champ formel. De diverses règles sont alors formulées : elles peuvent être des règles de déduction tout comme des règles sémantiques. Il existe subséquemment des critères qui sont mis en œuvre pour formuler ces règles. Ces critères « doivent être tels que l'application de ces règles ne laisse place à aucune équivoque »[289]. C'est en ce sens qu'un système formel constitue en somme un domaine de vérité caractérisé par des règles d'appartenance strictes et complètes. Ces règles s'appuient sur une théorie des opérateurs, dont la logique de la déduction naturelle donne une présentation suggestive et fournit une démonstration adéquate. Les règles de déduction, par exemple, jouent un rôle indispensable dans le processus de caractérisation du sens des opérateurs logiques. On peut, à partir des règles, décrire le

---

[286] J. LADRIÈRE, *L'articulation du sens*. I., p. 166.
[287] J. LADRIÈRE, « La forme et le sens », p. 480, col. 2.
[288] *Ibid.*
[289] *Ibid.*

type de contribution que les opérateurs logiques « peuvent apporter à une déduction »[290]. Selon Jean Ladrière, c'est au moyen de ces règles qu'on « doit pouvoir décider sans ambiguïté de l'appartenance ou de la non-appartenance d'une proposition au domaine, en procédant pas à pas, c'est-à-dire en partant des constituants élémentaires et en s'élevant progressivement aux constituants plus complexes et finalement à la proposition elle-même, quel que puisse être son degré de complexité »[291].

Cela fait que les règles qui sont ainsi construites conduisent à leur propre interprétation. « L'interprétation sur la base de laquelle sont construites les règles part de l'idée de déduction et considère les opérateurs du point de vue de leur place possible dans une déduction »[292]. Cela est l'expression d'un effort de précision qu'apportent les règles qui imposent les conditions aux opérateurs logiques.

Cet effort de précision de la nature exacte des critères qui interviennent dans les règles formelles permet de s'apercevoir que les démarches sous-tendant les manipulations formelles et pouvant être considérées comme véritablement fondatrices à l'égard des formalismes connus, « sont probablement de nature combinatoire »[293]. D'où, le caractère combinatoire du formalisme. Pour Jean Ladrière, à travers ce caractère combinatoire se dévoile l'intelligibilité propre du formel. Il précise que l'étude de la combinatoire pure a été entreprise sous le titre de « logique combinatoire », qui porte sur des opérateurs. Ceux-ci sont des entités en quelque sorte du second degré, « puisqu'un opérateur, par définition, agit sur des objets qui peuvent sans doute être eux-mêmes des opérateurs mais qui, en tant qu'ils tombent sous l'action d'un opérateur, n'interviennent que comme arguments de celui-ci »[294].

Ces opérateurs sont de nature relativement simple. C'est le cas, par exemple, de l'opérateur de l'inversion, qui change l'ordre de deux objets, ou celui de l'opérateur de groupement, « qui isole deux objets dans une suite donnée d'objets et applique le premier au second comme une fonction à son argument »[295]. Et le philosophe belge

---

290 J. LADRIERE, « La forme et le sens », p. 477, col. 2.
291 J. LADRIÈRE, *L'articulation du sens.* I., p. 166-167.
292 J. LADRIERE, « La forme et le sens », p. 477, col. 2.
293 J. LADRIÈRE, *L'articulation du sens.* I., p. 167.
294 *Ibid.*
295 *Ibid.*

poursuit en indiquant qu'il est d'une part question d'opérations pures, considérées pour elles-mêmes et d'autre part d'opérations que l'on peut effectivement réaliser. Et cela, sous le contrôle constant de l'intuition, en se servant d'un algorithme approprié. Ce qui, de la sorte, conduit à l'idée ancienne du calcul, toutefois à un niveau d'abstraction et de généralité tel que l'on atteint ici d'emblée aux fondements mêmes de la méthode formaliste.

L'opération est au centre du calcul. Cependant, pour reprendre en substance une expression de Jean Ladrière, il importe de souligner qu'au niveau de la théorie combinatoire pure, les objets disparaissent et on a seulement affaire au schème vide de l'effectuation en tant que telle. De ce point de vue, l'effectuation réelle de l'opération nécessite que l'on dispose d'objets sur lesquels l'opération pourra effectivement avoir lieu. Pour ce faire, le formalisme, généralisant une méthode dont l'origine est dans l'algèbre, « se procure des quasi-objets sous la forme d'indéterminées. Celles-ci ne sont pas véritablement des objets ; leur nature n'est du reste précisée en aucune manière »[296].

Sans doute, est-il intéressant de noter avec notre auteur que le rôle de ces indéterminées est simplement de servir de support aux opérations étudiées. Cette manière de procéder permet au formalisme de faire apparaître à l'état séparé, dans une sorte de pureté chimique, la vertu opérante de l'opération. Ainsi, le formalisme « réussit à en saisir le mode d'action en tant que tel, indépendamment de toute mise en œuvre particulière »[297]. De ce point de vue, Jean Ladrière estime avoir indiqué la voie à un accès à l'intelligibilité de l'opératoire. Ce qui le conduit à indiquer la contemporanéité de la compréhension de l'opération et de son effectuation : « La compréhension de l'opération, écrit-il, est rigoureusement contemporaine de son effectuation »[298].

On comprend par-là la fonction de l'opération. Celle-ci (opération) « est en quelque sorte le matériau dont est fait le formalisme. Mais le formalisme lui-même doit être compris comme système »[299]. Dans cette perspective, le but de l'analyse combinatoire est « en définitive de reconstituer, à partir d'opérations aussi élémentaires que possible, les opérations plus complexes qui sont

[296] J. LADRIÈRE, *L'articulation du sens*. I., p. 167.
[297]*Ibid.* p. 168.
[298] *Ibid.*
[299] *Ibid.*

immanentes aux investigations formelles les plus diverses et ainsi, de proche en proche, d'élucider les mécanismes qui permettent la construction formelle en général »[300].

5.4. La notion de *topos* et les questions fondationnelles en logique et mathématiques

La notion de *topos* est essentielle dans l'étude des fondements des mathématiques. Jean Ladrière note que cette notion a été introduite par Alexandre Grothendieck en géométrie algébrique ; mais « elle est apparue, grâce aux travaux de Lawvere, comme le cadre approprié pour le traitement, en termes de catégories, des questions fondationnelles en logique et en mathématiques »[301]. La notion de *topos* a permis de répondre à un problème précis concernant à la fois la théorie axiomatique des ensembles et celle des catégories. Dans la mesure où « la théorie axiomatique des ensembles a pu être considérée comme la base de toutes les théories mathématiques et donc comme constituant, en un sens, le "fondement" des mathématiques, il était naturel, une fois introduit le point de vue des catégories, de se demander comment la notion d'ensemble peut se généraliser dans le cadre de la théorie des catégories »[302].

On peut considérer la logique classique des propositions et mettre en exergue son processus d'axiomatisation. Cette logique, peut-on le rappeler, est « une théorie qui donne une certaine caractérisation des opérateurs propositionnels : négation, conjonction, disjonction, implication. Elle peut être exprimée sous forme axiomatique. Parmi ses axiomes figure le principe du tiers-exclu »[303]. On interprète cette théorie en termes de « valeurs de vérité », qui exigent de faire correspondre à chaque opérateur propositionnel une « table de vérité ». Celle-ci indique comment cet opérateur agit, en fonction des valeurs de vérité qui sont assignées à ses arguments. De ce point de vue, on essaie d'interpréter chaque opérateur propositionnel comme une « fonction de vérité » et d'indiquer que cet opérateur prend ses valeurs sur un ensemble

300 J. LADRIÈRE, *L'articulation du sens.* I., p. 169.
301 J. LADRIÈRE, « La forme et le sens », p. 480, col. 2.
302 *Ibid.*
303 *Ibid.*, p. 481, col. 1.

formé de 2 objets, par exemple l'ensemble (0,1), qui représentent les deux valeurs de vérité « vrai » et « faux ». On peut appliquer cela à la conjonction (*A* et *B*) et, ce faisant, on peut se rendre compte que la valeur de vérité pour la conjonction donne la valeur « vrai » pour *A* en même temps que « vrai » pour *B* et la valeur « faux » pour les trois autres cas possibles. Schématiquement, on peut représenter la table de vérité pour la conjonction comme suit :

A	B	A ∧ B
1	1	1
1	0	0
0	1	0
0	0	0

On a ici une fonction de vérité à deux arguments. On peut désigner par *V* l'ensemble (0,1) des valeurs de vérité. On constate alors qu'une fonction de vérité à deux arguments est une fonction qui va de *V* x *V* (ensemble des couples (*x*, *y*) où *x* et *y* appartiennent à *V*) vers *V*. Jean Ladrière soutient que, dans un *topos*, l'objet classificateur Ω va jouer le rôle de l'ensemble *V*. Il propose de représenter les fonctions de vérité par des morphismes appropriés. Pour ne considérer que le cas de la conjonction, on peut dire que la conjonction sera représentée par un morphisme qui va de Ω x Ω vers Ω[304].

Tous ces éléments indiquent un processus de fondation des propositions. Puisque les propositions se fondent sur d'autres, celles qui sont antérieures livrent quelque chose, dans la dimension de la valeur, aux propositions ultérieures. La dimension de la rationalité des propositions antérieures est alors transmise aux propositions ultérieures. Cela nous conduit à tenir compte à la fois, dans son originalité, de l'activité logique liée au langage et des « formations idéales de la connaissance qui ont, dans cette activité, leur source spécifique »[305]. En ces formations idéales se déploie totalement l'activité de la raison. Cette activité fait apparaître une évidence spécifique, celle de la formation qui surgit en elle sur le mode de la productivité originaire. Cette évidence rend une communication possible, et ce, au moyen de cette communication, le jugement élucidé ou explicité devient objectité idéale, transmissible. Selon Edmund

[304] J. LADRIÈRE, « La forme et le sens », p. 480, col. 2.
[305] E. HUSSERL, *L'origine de la géométrie*, p. 190.

Husserl, c'est exclusivement cette objectité idéale « que vise la logique quand on y parle de propositions et de jugements. Et ainsi se dessine par-là, de manière universelle le domaine de la logique, de manière universelle aussi la sphère d'être à laquelle se rapporte la logique, dans la mesure où elle est théorie formelle de la proposition en général »[306].

On peut poursuivre ce point de vue en indiquant que cette activité fondationnelle rend possibles des activités plus étendues, des formations « de nouveaux jugements sur le fondement de ceux qui valent déjà pour nous. C'est là la spécificité de la pensée logique et de ses évidences purement logiques. Tout cela, même dans la conversion des jugements, maintenu dans l'acception, lorsque, au lieu de juger nous-mêmes, nous nous transposons par la pensée dans un énoncer, dans un juger »[307].

Cependant, la logique ne s'arrête pas à la formation des propositions et des jugements et à les convertir, elle va jusqu'à construire des objets symboliques au moyen desquels elle forme des propositions à caractère formel. Divers opérateurs entrent en ligne de compte des objets qu'elle construit dans le déploiement de la pensée qu'elle met en œuvre.

---

306 E. HUSSERL, *L'origine de la géométrie*, p. 192.
307 *Ibid.*

CHAPITRE VI
MATHÉMATIQUES ET CONNAISSANCE RATIONNELLE

Le caractère rationnel des mathématiques nous a souvent permis de considérer que cette discipline rend mieux compte de la mise en œuvre de la rationalité en son développement. L'intuitionnisme a longtemps soutenu cet aspect en considérant la science mathématique comme une activité de l'esprit et le discours mathématique comme un compte rendu de cette activité[308]. « C'est là, semble-t-il, que l'on trouve la forme la plus claire de l'idée de rationalité »[309]. Cela signifie qu'on y trouve « la forme la plus claire de l'idée de rationalité »[310]. Leurs objets sont qualifiés d'idéaux parce qu'il s'agit des « objets construits par l'esprit, au moyen d'opérations spécifiques plus ou moins complexes »[311]. Ici, on connaît les objets étudiés de façon tout à fait adéquate. En conséquence, « l'objet n'est accessible que grâce à une activité constituante qui, comme on l'a déjà indiqué plus haut, procède par thématisation à partir de la connaissance acquise des propriétés d'objets déjà constituées »[312].

6.1. Activité mathématique et transparence de la raison

L'activité mathématique rend compte de la transparence des opérations de l'esprit dans la construction de son champ d'investigation. Les entités mathématiques comportent un caractère purement idéal. « Ce statut d'idéalité rend les objets mathématiques en quelque sorte transparents pour la pensée. Ils peuvent être définis avec précision et ils se prêtent sans réserve aux opérations

308 J. LADRIÈRE, « Objectivité et réalité en mathématiques », p. 552.
309 J. LADRIÈRE, *La foi chrétienne et le destin de la raison*, p. 88.
310 *Ibid.*
311 *Ibid.*
312 J. LADRIÈRE, *L'espérance de la raison*, p. 232-233.

analytiques au moyen desquelles on explore leurs propriétés »[313]. Ces objets « offrent par eux-mêmes les garanties de la validité des propositions qui décrivent ces propriétés »[314]. Aux yeux de Jean Ladrière, le domaine des entités mathématiques offre l'exemplification la plus claire et la plus évidente de la rationalité. « La pensée mathématique découvre ainsi son champ en le construisant »[315]. Commentant quelques strophes d'un poème de Valéry, qu'il appelle poète de la conscience de soi, de l'intellect et de la raison, Jean Ladrière note que ce poète « voyait dans les mathématiques la manifestation par excellence de la vie de l'esprit, de cet esprit qu'il s'était efforcé de saisir dans sa transparence la plus complète, dans son pur pouvoir de combinaison et de rapport »[316].

L'idée essentielle que l'on peut dégager de l'analyse de cet état de choses peut conduire à considérer que les mathématiques sont l'expression parfaite de la vie propre de la rationalité. Cela nous conduit à dire que les mathématiques nous offrent un modèle de rigueur et de clarté en mesure qu'elles nous permettent de prendre conscience du déploiement efficace et effectif de l'esprit en leur développement. La rigueur et la clarté font des mathématiques une discipline où la connaissance rationnelle s'enracine de manière tout à fait évidente. C'est suivant cet angle d'analyse que nous pouvons citer ce passage de Jean Ladrière : « Toujours, les mathématiques sont apparues comme le domaine par excellence de la connaissance rationnelle et elles fournissent à ce titre comme un type achevé de l'idéal du savoir. Tout au long de l'histoire de la pensée, de très grands esprits ont été fascinés par cette perfection qu'ils trouvaient dans les mathématiques et hantés du désir de construire toute la science sur le même modèle de rigueur et de clarté »[317].

En tout cas, dans cet état de choses, on voit la manifestation de « l'idée d'une équivalence parfaite entre la pensée mathématique et la pensée rationnelle. Et c'est parce qu'on aperçoit dans les constructions de la mathématique la réussite la plus pure et la plus élevée de la raison que l'on en fait l'exemplaire et le paradigme de toute connaissance »[318]. On pourrait même retenir que la

---

[313] J. LADRIÈRE, « Préface » à A. HOUZIAUX, *Dieu, à la limite de l'infini,* p. 19.

[314] *Ibid.*

[315] J. LADRIÈRE, *L'espérance de la raison,* p. 233.

[316] J. LADRIÈRE, « Rationnel et irrationnel en mathématique », p. 37.

[317] *Ibid.*

[318] *Ibid.*, p. 38.

construction mathématique laisse émerger une transparence hors du commun de l'effectivité des ressources de la raison.

Peut-être est-il intéressant de mentionner un fait que la construction d'une connaissance rationnelle est du ressort d'un mode d'appréhension cognitive. La réflexion sur ce mode trouve son sens dans l'épistémologie en tant que celle-ci, comme l'a bien noté Jean Ladrière, est la réflexion sur une pratique cognitive particulière, la pratique scientifique[319]. S'agissant particulièrement des mathématiques, on peut noter que la question épistémologique porte sur l'objet mathématique et sur ses propriétés.

Dans un article fort intéressant de 1966 intitulé « Objectivité et réalité en mathématiques »[320], Jean Ladrière a montré que la question de l'objectivité est épistémologique, tandis que celle de la réalité est ontologique. La première question rend compte du fait que la science mathématique met en exergue une théorie des objectivités formelles. Elle s'occupe principalement des catégories formelles objectives et produit la théorie des systèmes formels[321]. Et un système formel, comme on l'a déjà indiqué plus haut, « est un ensemble de théorèmes que l'on engendre au moyen de règles précises et objectives »[322]. C'est au moyen de ces règles que l'on construit des objets mathématiques (primitifs) et on déduit de ces objets d'autres objets et ainsi de suite. Il y a donc des règles qui donnent des lois de construction et celles qui donnent des lois de déduction.

Jean Ladrière nous rappelle, en ce qui concerne l'objet mathématique, que l'axiomatisation nous permet de rendre compte d'un aspect important des mathématiques : la dualité de la réalité mathématique et de sa représentation. On peut bien lire ce qu'il écrit à ce sujet : « À première vue, l'objet mathématique est contenu tout

---

319 J. LADRIÈRE, « Herméneutique et épistémologie », p. 107.

320 J. LADRIÈRE, « Objectivité et réalité en mathématiques », p. 550- 581.

321 Dans un commentaire de Jan Patočka sur les travaux effectués par Edmund Husserl sur la logique et la mathématique, on est agréablement surpris de trouver des concepts similaires pour qualifier la science mathématique. Cette science y est présentée comme étant la science des catégories formelles objectives. Elle met en œuvre la théorie des systèmes formels. Cela sous-tend que les mathématiques étudient principalement les objectités formelles en tant que celles-ci sont les structures des objets comme tels. Pour plus de détails à ce sujet, lire J. PATOČKA, *Qu'est-ce que la phénoménologie ?* Traduit de l'allemand et du tchèque par Erika Abrams, Grenoble, Jérôme Million, 2002, spécialement le chapitre 3 intitulé « La phénoménologie, la philosophie phénoménologique et les *Médiations cartésiennes* de Husserl », p. 129-163.

322 J. LADRIÈRE, *Les limitations internes des formalismes*, p. 38.

entier dans les expressions qui permettent à la pensée de le saisir »[323]. Cette saisie de l'objet s'effectue dans l'effort de délimitation que le processus de formalisation traduit. Plus exactement, c'est « dans l'effort de délimitation, que traduit le processus de formalisation, que l'objet se découvre ; en ce sens la révélation de l'objet est contemporaine de sa définition. Cela signifie que la définition joue en effet un rôle essentiel, qu'elle est plus qu'un simple discours sur l'objet, qu'un simple repérage *quad nos,* qu'en elle c'est bien l'objet même qui se constitue, plus exactement qu'en elle c'est la genèse même de l'objet qui se rend visible »[324].

L'idée essentielle qui transparaît ici est celle qui consiste à noter que dans la définition est contenu le caractère génétique de l'objet. Et cela en ce sens que l'objet n'est pas posé purement et simplement dans l'acte de délimitation, « mais en ce sens que la délimitation est plus qu'une simple nomination de l'objet, qu'elle reproduit dans son organisation interne, dans sa forme, le processus par lequel il se pose lui-même en se détachant sur le fond général de la réalité mathématique totale »[325].

La connaissance mathématique étant essentiellement une connaissance rationnelle, son objet est également de nature rationnelle. Cela sous-tend que la connaissance mathématique contient les exigences les plus strictes de la rationalité. En nous tournant vers les objets, nous pouvons retenir avec Jean Ladrière que « nous voyons que l'objet mathématique mérite au plus haut point le titre de rationnel ; car non seulement il appartient à la connaissance rationnelle, mais il lui a toujours appartenu : il n'est pas une conquête sur l'irrationnel, il n'est pas, au moins comme tel, une récupération progressive de la raison sur un domaine qui ne serait pas accessible en un premier moment qu'à une connaissance irrationnelle »[326]. Selon cette perspective, Jean Ladrière indique que « le nombre, la figure possèdent d'emblée de quoi se faire reconnaître par la raison, ils livrent d'un coup tout leur secret, ou plutôt ils n'ont pas de secret ; ils se présentent avec une entière transparence, qui ne comporte pas de degrés, qui était la même pour les Grecs que pour nous. Et l'enfant

---

[323] J. LADRIÈRE, « Objectivité et réalité en mathématiques », p. 554.
[324] *Ibid.*, p. 555.
[325] *Ibid.*
[326] J. LADRIÈRE, « Rationnel et irrationnel en mathématique », p. 39.

qui a saisi un théorème sur les triangles le comprend aussi parfaitement que le génie qui l'a découvert »[327].

6.2. L'être mathématique et le procédé de son engendrement

Un être mathématique est conçu dans la théorie dont il fait partie et dont il ne peut être isolé. « Sa signification ne lui vient pas de lui-même, mais aussi de l'ensemble dont il fait partie et de la manière dont il vient s'insérer dans cet ensemble, en tout cas sa signification comme être mathématique »[328]. Il y a comme une liaison entre l'objet mathématique et le procédé de son engendrement, de sa construction pourrait-on dire. Cette liaison trouve son sens dans le développement des mathématiques elles-mêmes. C'est pourquoi Jean Ladrière n'hésite pas à indiquer des précisions fort précieuses au sujet de ce développement au point d'en révéler la portée et l'importance :

> Mais cette liaison de l'être mathématique avec l'ensemble dont il fait partie fait apparaître l'importance du développement, car cet ensemble est en perpétuelle évolution : les théories se transforment, de nouvelles théories se créent, des généralisations s'opèrent, les concepts s'affinent, des ponts sont jetés entre diverses théories étrangères l'une à l'autre jusque-là, des rapprochements inattendus se réalisent, des hiérarchies de notions et de théories se dessinent, évoluent, se perfectionnent[329].

La construction d'objets mathématiques a une liaison étroite avec la construction d'un ensemble dans lequel ces objets trouvent leur place et leur signification. Cet ensemble nous fournit des éléments au moyen desquels nous pouvons étudier la morphologie de ces objets et les propositions dans lesquelles ceux-ci trouvent leur signification. La fécondité d'un système formel s'enracine dans ce procédé. Plus précisément, un système formel comporte une partie morphologique et une partie axiomatique. La partie morphologique s'occupe des lois de construction d'objets, tout en indiquant les composantes et les assemblages de ces composantes (qui sont des propositions), tandis que la partie axiomatique indique les propositions susceptibles d'être valables, mieux, d'être considérées comme valables.

---

[327] J. LADRIÈRE, « Rationnel et irrationnel en mathématique », p. 39.
[328] *Ibid.*, p. 40.
[329] *Ibid.*, p. 41.

Nous avons tenté d'indiquer plus haut que les objets des sciences formelles sont idéaux et possèdent des formes symboliques. Celles-ci servent de moyens de désignation tout comme d'opération. Elles jouent un rôle indispensable dans le développement des mathématiques dans la mesure où elles servent à construire le langage dans lequel on peut les interpréter. On pourra dire que le langage mathématique se construit de proche en proche au moyen des formes, des symboles que l'esprit humain met en œuvre suivant un processus de représentation dans le but de proposer une signification.

La pensée mathématique a une dynamique. La formule utilisée par Jean Ladrière pour évoquer cet état de choses est suggestive : il considère, de ce point de vue, que « la pensée mathématique progresse dans le sens d'une abstraction croissante, à la faveur de laquelle sont dégagées des structures de plus en plus fondamentales, c'est-à-dire de plus en plus éloignées des domaines particuliers en lesquels elles étaient immergées. Le sens de cette progression est l'avènement de la forme pure »[330]. Cela détermine et caractérise la pratique mathématique dès la modernité naissante en ce sens qu'au moyen de l'évidence mathématique, on entretient un rapport au vrai. On comprend que, dans un raisonnement mathématique, « la vérité s'impose elle-même à l'être humain doué de raison. La raison donne accès à la vérité »[331]. C'est la raison qui aide l'être humain à favoriser de proche en proche l'avènement de la forme pure.

6.3. L'arithmétique et son domaine opératoire

Notre souci, à la suite de Jean Ladrière, reste d'indiquer, ici, que la « pratique mathématique constitue l'autre voie qui conduit à la pensée de la forme comme telle »[332]. Cependant, selon Jean Ladrière, la forme acquiert dans cette pratique un caractère nouveau en ce sens que, contrairement à la logique où elle est le schème d'une démarche, elle revêt un caractère d'objet : « Mais ici la forme n'est plus le schème d'une démarche ; elle apparaît plutôt comme le caractère d'un type d'objectivité, qui se dégage peu à peu pour lui-même dans

330 J. LADRIÈRE, *La foi chrétienne et le destin de la raison*, p. 70.

331 B. FELTZ, « Modernité critique et discours ecclésial », in *Revue théologique de Louvain* 44 (2013), p. 3.

332 J. LADRIÈRE, « La forme et le sens », p. 478, col. 1.

un processus de thématisation à la faveur duquel se fait voir progressivement l'essence de ce qui se présente comme objet »[333]. L'idée essentielle de Jean Ladrière est de montrer que « les objets les plus élémentaires dont s'est occupée la pensée mathématique, considérée dans son développement historique, ont déjà le caractère de formes »[334]. On pourrait évoquer ici le cas des nombres. Selon lui, lorsqu'ils sont considérés comme « nombres nombrants », les nombres « se constituent comme objets mathématiques par abstraction à partir des collections concrètes qu'ils servent à nombrer »[335]. Le mécanisme d'abstraction occupe une place décisive d'autant plus qu'il permet de donner un caractère abstrait, intelligible aux collections concrètes. F. Borceux situe l'apparition du nombre dès la plus haute Antiquité où il était déjà considéré « comme une notion abstraite permettant de traduire certaines réalités concrètes »[336]. La création du nombre, en tant qu'objet mathématique, est sans doute une de premières manifestations de la puissance d'abstraction de l'esprit humain. Delà l'esprit en est venu à développer l'arithmétique de base des nombres et des méthodes pour résoudre des équations.

Les nombres peuvent être finis ou transfinis. Jean Ladrière note que « les nombres transfinis sont des nombres qui sont situés au-delà des nombres finis (les entiers ordinaires). Le domaine du transfini a été découvert (ou, selon un autre point de vue, créé) par Cantor, dans le cadre de sa théorie abstraite des ensembles »[337]. L'utilisation des symboles est permanente dans le cadre des nombres.

Dans les opérations arithmétiques élémentaires, par exemple, on recourt aux symboles dont le rôle est plus compliqué que dans le cas de la désignation. Les opérations que l'arithmétique met en jeu jouissent de certaines propriétés caractéristiques. Elles possèdent un sens qui émerge d'un fonctionnement tout à fait formel. On pourrait dire que le développement historique de la pensée mathématique reste dominé par les objets qui ont le caractère de forme, et donc de symbole. On peut revenir au cas du nombre et considérer, comme l'a fait remarquer le philosophe et mathématicien belge, que sa représentation comme classe d'équivalence engendrée par la relation

---

[333] J. LADRIÈRE, « La forme et le sens », p. 478, col. 1.
[334] *Ibid.*, col. 2.
[335] *Ibid.*, col. 1-2.
[336] F. BORCEUX, « Nombre », in S. AUROUX (éd.), *Encyclopédie philosophique universelle*, p. 1755, col. 1.
[337] J. LADRIÈRE, « Nombre transfini », in *Ibid.*, p. 1758, col. 2.

de correspondance biunivoque apparaît comme une expression parfaite du mécanisme d'abstraction ci-haut évoqué. Cette représentation est celle utilisée par Frege et Russell, selon laquelle un nombre est une classe de classes. « Ainsi le nombre 2 est la classe de toutes les classes (concrètes) comportant 2 objets, et en ce sens représente abstraitement ce qu'il y a de commun à toutes ces classes en tant qu'elles comportent précisément 2 objets »[338]. Le nombre est la forme d'une multitude, prise suivant le point de vue de sa cardinalité.

Il y a une intelligibilité intrinsèque qui s'effectue au niveau d'un processus de calcul. Cette intelligibilité intrinsèque « n'est rien d'autre que la reconnaissance, dans ce qui est effectué, de la correspondance des opérations avec les règles qui définissent l'espèce de calcul qui doit être exécuté, et la correspondance de ces règles avec une demande particulière formulée comme problème »[339]. L'arithmétique fournit des exemples très intéressants à ce sujet. On détermine des règles et on effectue une opération au moyen de ces règles. Notre auteur illustre cela dans le cas d'une division. Selon lui, « une division est effectuée selon certaines règles déterminées, et ces règles correspondent à la tâche qui consiste à trouver un nombre qui, multiplié par un nombre donné, reconstitue un nombre donné, comme le problème est formulé en arithmétique élémentaire. Des cas plus compliqués présentent la même structure que ce simple exemple »[340]. Il y a là une capacité de réaliser ces opérations de façon plus efficiente à partir des règles bien déterminées.

Le caractère opératoire se manifeste même dans le comportement de celui qui effectue une opération donnée. Ici, on suit certaines règles afin d'obtenir un certain nombre ayant des propriétés pré-assignées. En considérant de nouveau le cas de la division, il y a lieu de noter que cette opération est liée à certains problèmes pratiques, qui sont « relatifs à la décomposition en partie de certains fragments quantitatifs de la réalité. Mais il apparaîtra aussi que la division comme telle est reliée à d'autres opérations et qu'elle appartient, avec ces autres opérations, à une théorie mathématique, concernant l'étude du domaine des nombres »[341]. Au

338J. LADRIÈRE, « La forme et le sens », p. 478, col. 1.

339 J. LADRIÈRE, *L'articulation du sens*. I., p. 45.

340 J. LADRIÈRE, *La foi chrétienne et le destin de la raison*, p. 45.

341 *Ibid.*, p. 46.

regard de tout ceci, on peut, par conséquent, souligner que la question relative au sens d'un comportement purement opératoire concerne le sens de la construction d'une théorie mathématique. Dans cet ordre d'idées, Jean Ladrière prend soin de déterminer la place de l'arithmétique dans le cadre général des mathématiques. Dans le cadre de cette éclaircie, il précise que « nous rencontrons la question du sens de la démarche mathématique, qui n'est pas du tout une activité naturelle. Et en réfléchissant à cette question, nous commençons à réaliser que, après tout, le sens de l'activité mathématique non seulement ne peut être expliqué en termes mathématiques, mais de plus ne se trouve probablement pas à l'intérieur des mathématiques elles-mêmes et a quelque chose à voir avec le sens de la vie humaine comme telle »[342]. C'est celle-ci qui, par l'entremise de la raison, nous permet de situer l'activité mathématique dans l'opératoire.

On est au cœur de l'opératoire pur. Le point de vue de Jean Ladrière à ce sujet est suggestif : « L'opération est la mise en œuvre d'un schème, elle n'atteint que la forme, dans la mesure où celle-ci est séparable des circonstances concrètes de son apparition et reproductible »[343]. Parlant du calcul, Jean Ladrière explique qu'il paraît, à première vue, n'être rien d'autre qu'un instrument, mais en réalité, il a un contenu spéculatif. Pour lui, le calcul se fonde sur l'opération, et l'opération peut être thématisée[344]. Pour ce faire, il distingue trois étapes dans le processus de thématisation qui conduit du calcul (c'est-à-dire des opérations en tant qu'effectuées) aux opérations en soi.

On considère d'abord les opérations dans leur liaison à des objets. L'algèbre abstraite en donne un exemple indicateur. Dans ce cas, on a recours à des noms pour désigner les objets sur lesquels porte l'opération. Dès lors, « ces objets restent relativement indéterminés : ils n'interviennent que par celles de leurs propriétés qui sont expressément impliquées dans les axiomes qui spécifient comment on peut opérer sur eux (par exemple dans les axiomes du *groupe*) »[345]. Notre auteur souligne que ces objets jouent bien le rôle d'individus concrets et les symboles qui les désignent sont bien entendu des noms. De ce point de vue, on constate que l'opération

[342] J. LADRIÈRE, *La foi chrétienne et le destin de la raison*, p. 46.
[343] J. LADRIÈRE, « Langage scientifique et langage spéculatif », p. 260.
[344] J. LADRIÈRE, *L'articulation du sens*. I., p. 60.
[345] *Ibid.*

prend sans doute une figure symbolique, cependant « elle n'en est pas moins rapportée à des objets ; elle est donc prise concrètement, elle est considérée comme une transformation qui change telle entité en telle autre entité (par exemple, dans le cas d'un groupe additif, qui change un couple d'éléments en leur somme) »[346]. Cette première étape prépare à une autre où on est censé faire abstraction des objets. Et ainsi de suite. Il y a là l'idée d'un procédé démonstratif. Dans la pratique mathématique le procédé déductif est mis en œuvre, surtout en ce qui concerne la démonstration. Ainsi la puissance intellectuelle est capable de cheminer vers la vérité en passant d'un terme ou d'un théorème à un autre. Jean Ladrière rend compte de ce fait en ces termes : « L'exemple de la géométrie a sans doute joué un rôle important dans la découverte de la fécondité de la démonstration »[347].

6.4. La géométrie et la pensée de la forme

Les objets d'étude en géométrie sont des figures. Ces figures ont plusieurs formes. Ces formes sont rationnellement construites, mais elles gardent ou entretiennent un rapport avec le monde qu'elles représentent. Une figure géométrique « peut être considérée comme représentant la forme caractéristique d'une certaine classe d'objets figurés, envisagés précisément du point de vue de leur type de figuration. Ainsi le triangle est le schème abstrait caractéristique de tous les objets triangulaires »[348]. Cela reste valable et applicable à toutes les figures géométriques.

Peut-être est-il intéressant d'évoquer, au passage, l'évolution de la géométrie de l'antiquité grecque aux créateurs de la science moderne. On pourrait s'évertuer à rappeler les grandes transformations de la géométrie dans les temps modernes. Et, comme l'a fait remarquer Émile Borel, la première de grandes transformations de la géométrie dans les temps modernes consiste à « introduire, sous une forme voilée, il est vrai, le temps et le mouvement jusque dans la considération des figures »[349]. L'introduction de ces deux notions indique à suffisance que la

---

[346] J. LADRIÈRE, *L'articulation du sens.* I., p. 60.
[347] J. LADRIÈRE, « Les institutions de la raison », p. 19.
[348] J. LADRIÈRE, « La forme et le sens », p. 478, col. 2.
[349] É. BOREL, « L'évolution de l'intelligence géométrique », p. 606.

géométrie, pour les anciens, était une science statique et que « les figures en étaient données tout d'un coup à l'état achevé, semblables aux idées platoniciennes »[350]. Les figures sont les propriétés de la géométrie. Elles constituent d'authentiques objets dans lesquels l'esprit se rend manifeste. Nous pouvons indiquer, à propos de grands édifices de la géométrie, que ceux-ci sont des évidences d'essence rationnelle et universelle à partir desquelles on arriver à illustrer des concepts par des figures tracées ou dessinées. Edmund Husserl nous éclaire à ce sujet lorsqu'il écrit : « L'illustration sensible des concepts par les figures dessinées se substitue au produit effectif des proto-idéalités »[351].

Cela conduit à considérer que les figures géométriques doivent être tracées pour rendre effective la pratique de la géométrie appliquée. Pour les tracer, il faut nécessairement effectuer un mouvement. C'est ce que vont démontrer les transformations de la géométrie. La démonstration moderne excelle en ce domaine. Elle est « plus simple, plus intuitive que la démonstration euclidienne, et tout aussi "rigoureuse", c'est-à-dire aussi satisfaisante pour l'esprit du géomètre (plus satisfaisante, parce qu'elle est plus simple) »[352]. En fait, dans un effort consistant à donner une forme à une figure, le géomètre essaie d'effectuer une démarche décisive. Il construit une figure à partir de ce qu'il imagine et lui donne concrètement une forme. C'est à ce niveau que la forme laisse son empreinte.

Aux yeux de Jean Ladrière, le propre de la forme, de ce point de vue, « c'est de valoir par elle-même, c'est de se donner pour ce qu'elle est, de façon absolument indépendante de toutes les réalisations concrètes en lesquelles elle peut se reconnaître, ou autrement dit, auxquelles elle peut conférer sa propre empreinte »[353]. On se rend compte qu'il y a effectivement une séparation totale entre les situations concrètes d'une forme et cette forme elle-même. C'est cette séparation « que la pensée réussit à effectuer entre les situations concrètes où une forme s'exemplifie et cette forme elle-même qui constitue la démarche décisive en et par laquelle elle commence à se donner accès au domaine des objectivités mathématiques »[354]. Les objets mathématiques se détachent de proche en proche de leurs

---

[350] É. BOREL, « L'évolution de l'intelligence géométrique », p. 606.
[351] E. HUSSERL, *L'origine de la géométrie*, p. 195.
[352] É. BOREL, *a. c*, p. 607.
[353] J. LADRIÈRE, « La forme et le sens », p. 478, col. 2.
[354] *Ibid.*

supports concrets. À partir de là, on parvient à « réaliser sur ces objets des opérations à la faveur desquelles commencent à se manifester leurs propriétés »[355]. Cela induit que l'expérience des objets mathématiques fournit un savoir qui a une prise sur le réel. « L'essentiel de cette expérience réside dans la mise à jour des liens par lesquels s'enchaînent pour nous les propositions du discours mathématique, soit qu'il s'agisse des liens constitutifs qui nous font voir comment se composent des entités complexes à partir d'entités plus simples (par exemple l'idée de groupe à partir de celle d'opération), soit qu'il s'agisse des liens déductifs qui nous font découvrir tout ce qui est contenu virtuellement dans ce qui a été initialement posé »[356].

6.5. Cheminement et développement de l'être mathématique

On retrouve dans les liens évoqués plus haut un aspect important qui frappe l'attention : la détermination de la nature de l'être mathématique. Ce problème fondamental est souvent posé dans le cadre d'une philosophie des mathématiques. Jean Ladrière soutient que poser un tel problème, c'est poser le problème du projet mathématique, ou encore de l'horizon de compréhension mathématique. Selon lui, la singularité de l'être mathématique consiste en ceci que cet être paraît à la fois construit et donné. Les lois de construction des théories, les définitions des objets et les axiomes sont instruments de saisie et de mise en évidence de la pensée mathématique.

> La pensée mathématique se donne à elle-même son objet ; dans les lois de construction, les définitions, les axiomes qu'elle énonce, elle fait venir à l'existence cela même dont elle se propose d'étudier la nature et les propriétés. Les objets dont elle s'occupe ont des caractères d'idéalité qui les séparent radicalement de ceux de l'expérience immédiate ; la seule existence qu'ils paraissent avoir, c'est celle que leur prêtent les actes qui les engendrent, et cette remarque pourrait fonder une théorie pragmatique de l'être mathématique. Mais en même temps, la pensée mathématique ne fait, semble-t-il, que reconnaître ce qui était déjà ; elle explore un champ déjà constitué ; l'être mathématique possède l'existence préalablement à toute activité de la pensée, et, s'il n'est pas de la même nature que les données de l'intuition sensible, c'est donc qu'il

[355] J. LADRIÈRE, « La forme et le sens », p. 478, col. 2.

[356] J. LADRIÈRE, « Objectivité et réalité en mathématiques », p. 564.

appartient à quelque monde idéal dont l'objectivité est aussi entière que celle du monde sensible[357].

Cette indication laisse transparaître l'idée selon laquelle l'intervention de l'intuition sensible est nulle dans l'expérience des objets mathématiques. En conséquence, le rôle que cette intervention « peut avoir dans la saisie des figures, des schémas, des signes opératoires, reste purement extrinsèque »[358]. S'agissant de l'intuition intellectuelle, Jean Ladrière note que celle-ci « n'intervient que sous la forme d'une saisie des rapports et des enchaînements, non sous la forme d'une connaissance immédiate et saturante des objets »[359]. Cela nous permet de retenir que l'expérience des mathématiques est une œuvre de pensée :

> La connaissance mathématique n'est pas faite d'une série discontinue de perceptions globales pures ; elle est un cheminement, elle opère selon un ordre réglé de découvertes, elle est expérience au sens propre du mot, non seulement constatation mais mise en œuvre d'opérations qui permettent les constatations[360].

Derrière la notion de cheminement de l'être mathématique se trouve l'idée de développement. Cela revient à dire que « l'être mathématique ne nous est donné que dans un développement ; ce que nous en connaissons est coextensif à une certaine histoire. Il n'y a pas déroulement linéaire de conséquences à partir d'un principe posé une fois pour toutes, ni explication croissante d'une intuition originaire, mais manifestation progressive dans des lois d'enchaînement extrêmement complexes, dont le détail s'identifie au déroulement concret de l'histoire des mathématiques, depuis la géométrie grecque jusqu'à nos jours »[361]. Il y a un mouvement historique qui marque le déroulement et le développement de la pensée mathématique. Les mathématiques se construisent par un certain progrès, par un certain développement. Ce progrès peut faire apparaître à un moment donné une certaine zone d'irrationnel. Mais ce n'est pas un irrationnel qui sera susceptible de se situer dans une opposition radicale au rationnel pur, c'est un certain défaut, un

---

357 J. LADRIÈRE, « La philosophie des mathématiques et le problème du formalisme », p. 614.

358 J. LADRIÈRE, « Objectivité et réalité en mathématiques », p. 564.

359 *Ibid.*

360 *Ibid.*

361 J. LADRIÈRE, « La philosophie des mathématiques et le problème du formalisme », p. 614.

certain manque de rationalité, « par où s'introduit un appel vers une complète rationalité et l'annonce d'un mouvement de l'esprit »[362].

Ce mouvement est purement logique en ce qu'il fait passer d'un niveau d'exigence à un autre plus rigoureux et opère une purification du rationnel. Il « s'accomplit par le mouvement historique qui entraîne la mathématique tout entière vers quelque terme imprévisible, mais sur le chemin duquel ne cessent de se renforcer la rigueur et la perfection des démarches de la pensée exacte »[363]. C'est au moyen de ce renforcement que la pensée exacte a une acception particulière en mathématique du moment qu'elle arrive à élaborer et à créer des théories nouvelles. On comprend dès lors que le développement des mathématiques « manifeste un progrès, non seulement dans l'ordre du donné, mais aussi dans l'ordre du niveau de connaissance. Il y a non seulement acquisition de théories nouvelles qui viennent prolonger des théories anciennes, mais aussi destruction de théories préalables, retour sur les principes et sur les types d'évidence, rupture de continuité, imprévisibilité, nouveauté, crise »[364].

La reconnaissance d'une certaine part de discontinuité dans le développement des mathématiques est un fait marquant de leur histoire. Le développement s'effectue par paliers, et ce, dans la mesure où « il suppose une reprise perpétuelle de l'objet, il est lui-même en refonte perpétuelle : non pas progression suivant un axe, mais réorganisation incessante autour de niveaux d'équilibre sans cesse modifiés, chaque découverte nouvelle entraînant un remaniement plus ou moins profond de l'ensemble »[365]. Mais, en dépit de ce remaniement qu'entraîne chaque découverte nouvelle, il existe une solidarité entre des théories en ce sens que les théories nouvelles récupèrent quelque chose d'essentiel d'anciennes théories. Cela suggère une liaison entre continuité et discontinuité ; il n'y a pas rupture totale. Ainsi, Jean Ladrière considère que « si la solidarité entre chaque notion, chaque être particulier et l'ensemble est vraie, elle doit jouer dans les deux sens et, de même que chaque notion est modifiée par des modifications de l'ensemble, l'ensemble éprouve le contrecoup de l'adjonction de notions nouvelles »[366]. Cet état de

---

362 J. LADRIÈRE, « Rationnel et irrationnel en mathématique », p. 42.

363 *Ibid.*

364 *Ibid.*, p. 43.

365 *Ibid.*

366 *Ibid.*

choses rend compte du caractère le plus particulier du développement mathématique.

Cette solidarité peut s'exprimer en termes de fécondité interne des mathématiques en ce sens que, peut-on le rappeler, les théories nouvelles sont comme des variations d'anciennes théories. Jean Ladrière fait écho de cette situation lorsqu'il écrit :

> La géométrie euclidienne contient déjà — par les variations qu'elle suggère — la géométrie non-euclidienne, les géométries contiennent déjà la théorie des transformations, la théorie des nombres réels contient déjà la topologie générale, la théorie des équations linéaires contient déjà celle des formes linéaires, la topologie combinatoire contient déjà l'algèbre homologique, et ainsi de suite. Les théories s'appellent, s'enchaînent, s'organisent, se hiérarchisent, renvoient les unes aux autres selon des rapports systématiques que des théories plus générales mettent progressivement en évidence avant de devenir elles-mêmes objet de théories plus générales encore. L'être mathématique n'est donc pas statique, il est en devenir permanent ; le plus élémentaire appelle le plus général, et inversement chaque niveau théorique d'une généralité donnée éclaire rétrospectivement les étapes plus élémentaires qui en ont précédé l'instauration et modifie le sens des objets antérieurement connus, en montrant leur place dans des ensembles plus vastes[367].

Le développement de la pensée mathématique rend compte non seulement de l'extension croissante des théories, mais également de la création de théories pratiquement nouvelles au moyen soit de la généralisation, soit de la fécondation mutuelle de théories préalables, soit du dégagement de structures encore inconnues à partir des domaines déjà explorés, soit encore de l'invention de procédés nouveaux d'engendrement[368]. On comprend dès lors que la croissance en mathématiques soit interne et organique. « On pourrait aussi bien dire qu'elle est architectonique, en ce sens qu'elle est à la fois diversification et unification : au mouvement de généralisation par lequel se révèle progressivement le sens des théories particulières, par approfondissement structural, fait pendant le mouvement de particularisation qui, des théories générales, redescend vers les applications et les problèmes concrets dont elles offrent les instruments de solution »[369]. On peut attirer l'attention sur le fait que le dégagement de structures non connues à partir des domaines déjà explorés peut porter soit sur les propriétés des entités

[367] J. LADRIÈRE, « Objectivité et réalité en mathématiques », p. 568.

[368] J. LADRIÈRE, « La philosophie des mathématiques et le problème du formalisme », p. 614.

[369] J. LADRIÈRE, « Objectivité et réalité en mathématiques », p. 568.

elles-mêmes, soit sur les opérations effectuées dans ces divers domaines.

C'est sous cet angle qu'on a été amené à indiquer que les mathématiques constituent une objectité où la raison est essentiellement à l'œuvre. On peut même suggérer que l'effectuation de la raison dans la pratique mathématique est tellement manifeste que même dans les moindres détails on a recours aux ressources internes de la raison. À partir de là, on peut noter que l'expérience des objets mathématiques rend compte de l'articulation de la raison dans la mesure où cette expérience fait état d'un acte créateur. Cet acte fait que « l'être mathématique se présente à nous dans un état d'objectivation. Il s'exprime dans un symbolisme approprié dont le rôle apparaît comme nécessaire : la création, en mathématiques, s'accompagne obligatoirement de l'invention d'un certain symbolisme, qui n'est pas une simple transposition du langage naturel mais tend à se constituer une langue d'un type nouveau »[370]. Cet état de choses indique la place combien importante du formalisme dans la pratique mathématique et a ainsi conduit Jean Ladrière à titrer cette conséquence : « Toute théorie mathématique s'achève en formalisme »[371].

6.6. Fécondité interne, auto-applicabilité et unité des mathématiques

En considérant le caractère rationnel de l'expérience des mathématiques, on peut être amené à examiner les mathématiques en elles-mêmes. À ce sujet, Jean Ladrière retient trois faits apparemment d'une grande signification et du reste liés entre eux, qui, selon lui, frappent l'attention : la fécondité interne des mathématiques, leur auto-applicabilité et leur unité. Par là il indique que les mathématiques progressent suivant plusieurs types de situations qui « peuvent se présenter : schématisation à partir de cas particuliers, thématisation, dégagement de structures générales »[372].

---

370 J. LADRIÈRE, « La philosophie des mathématiques et le problème du formalisme », p. 614-615.

371 *Ibid.*, p. 615.

372 J. LADRIÈRE, « Objectivité et réalité en mathématiques », p. 564.

6.6.1. Fécondité interne des mathématiques

La schématisation a pour point de départ des objets concrets, facilement accessibles à l'intuition géométrique ou à des manipulations algorithmiques simples. « On procède en quelque sorte à une expérimentation directe sur ces objets ; on fait ensuite varier la situation en faisant entrer en jeu des objets analogues mais différents des premiers sur l'un ou l'autre point, et on dégage ainsi progressivement un schème qui est suggéré par ces divers cas et qui représente ce qu'ils ont de commun »[373].

La schématisation d'un objet ouvre la voie à la thématisation. Cet objet constitue un point essentiel à partir duquel la thématisation s'effectue. Plus concrètement, « on prend pour objet, on pose en thème, des procédures utilisées à un niveau déterminé de théorie, pour en faire le contenu d'une théorie de niveau plus élevé, on passe donc de l'exercice à la spécification »[374]. C'est lorsqu'on a réussi à spécifier une théorie que l'on peut la généraliser. Autrement, la spécification sert de moyen indispensable à la généralisation.

Nous pouvons unifier ou rapprocher les théories qui présentent, dans certains de leurs aspects, une certaine parenté d'allure. À partie delà, on arrive à schématiser de façon convenable les traits caractéristiques de leurs ressemblances. En procédant ainsi, « on aboutit à dégager un domaine d'objets plus général, à savoir la structure sous-jacente à ces théories prises pour un point de départ »[375].

Sans doute ces démarches présupposent-elles l'initiative de la pensée en ce sens que c'est la pensée qui pose un moment critique au moyen duquel elle construit et saisit l'objet. Ce moment critique permet à la pensée de se détacher d'une conquête de type expérimental dont la connaissance mathématique est toujours le fruit pour commencer à fonctionner selon son propre régime. On peut dire que ce moment est déterminant dans la mesure où il oblige la forme perceptive qui, pour utiliser les mots de Jean Ladrière, crée entre les choses de même allure une parenté reconnaissable et qui nous permet de nous orienter dans la diversité du monde et de classer les choses selon leurs ressemblances, à céder la place, « de façon instantanée, discontinue, à une forme plus intelligible dont les signes

373 J. LADRIÈRE, « Objectivité et réalité en mathématiques », p. 564.

374 *Ibid.*, p. 565.

375 *Ibid.*

et les figures ne sont plus que des supports inessentiels »[376]. Mais le détachement n'est jamais total en ce sens que, quand bien même la connaissance mathématique se situe dans une sphère idéale dont la formalisation paraît être une manifestation visible, l'être que cette connaissance construit « ne peut jamais être coupé de l'expérience »[377]. L'expérience mathématique, qui relève du monde de l'idéalité, se rapporte au monde perçu à la fois dans sa genèse et dans son utilisation.

De ces considérations surgit la question de l'objectivité des formes. Cette objectivité, il faut le reconnaître, est idéale. Comme l'a fait remarquer Edmund Husserl, elle est propre à toute une classe de produits rationnels du monde de la culture auquel appartiennent toutes les formations scientifiques et les sciences elles-mêmes, mais aussi, par exemple, les formations de l'art littéraire. Pour lui, les œuvres de l'art littéraire n'offrent point, comme les outils (marteau, tenailles), ou comme les œuvres d'architecture et les produits du même genre, une possibilité de réédition en plusieurs exemplaires semblables entre eux. Un théorème est unique en son genre et identique à lui-même. On peut lire les propos d'Edmund Husserl à ce sujet : « Le théorème de Pythagore, toute la géométrie n'existent qu'une seule fois, si souvent et même en quelque langue qu'ils puissent être exprimés »[378]. Mais ils restent intelligibles pour tout le monde dans la mesure où ils offrent une possibilité d'une objectivité idéale. Cependant cette objectivité idéale prend place dans la vie de la raison et offre, à partir des ressources de la raison, la possibilité de son application. C'est en cela que se réalise, pour ainsi dire, le progrès mathématique qui, selon Jean Ladrière, n'est pas une suite de créations arbitraires. Au contraire, « c'est le passage, à l'intérieur même de la réalité mathématique, du virtuel à l'actuel, de l'anticipation à la réalisation, de la visée à son remplissement, ce passage s'effectue selon un ordre et en vertu d'une nécessité qui appartiennent à l'être mathématique lui-même »[379].

Les théorèmes mathématiques sont des constructions de l'esprit et se retrouvent reliés entre eux comme un chaînon compact, qui permet au mathématicien de fonder la démonstration sur des

---

[376] J. LADRIÈRE, « Objectivité et réalité en mathématiques », p. 567.

[377] J. LADRIÈRE, « La philosophie des mathématiques et le problème du formalisme », p. 615.

[378] E. HUSSERL, *L'origine de la géométrie*, p. 179.

[379] J. LADRIÈRE, « Objectivité et réalité en mathématiques », p. 568.

propositions premières. Cela suppose qu'il procède par voie démonstrative et fonde ses preuves sur ce qui a été antérieurement établi, en se conformant aux règles de l'esprit. Robert Blanché a eu la gentillesse d'indiquer, en des termes fort intéressants, ce caractère de la démarche mathématique en insistant surtout sur le lien de chaque théorème aux propositions dont il se déduit, du moins dans le cadre de la géométrie euclidienne. Pour ce faire, il écrit : « Chaque théorème se trouve ainsi relié, par un rapport nécessaire, aux propositions dont il se déduit comme conséquence, de sorte que, de proche en proche, se constitue un réseau serré où, directement ou indirectement, toutes les propositions communiquent entre elles »[380]. Il ajoute : « L'ensemble forme un système dont on ne pourrait distraire ou modifier une partie sans compromettre le tout »[381].

6.6.2. Auto-applicabilité des mathématiques

La question de la fécondité interne des mathématiques demande à être complétée et précisée par celle de leur auto-applicabilité. Jean Ladrière soutient que les mathématiques s'appliquent à elles-mêmes avant de s'appliquer à des situations physiques ou anthropologiques. C'est de ce point de vue qu'il note une distinction très significative entre les problèmes et les instruments, distinction bien souvent parallèlement établie à côté de celle qui existe entre le concret et le général. Pour lui, en dehors de son contenu propre, toute théorie mathématique possède un rôle instrumental à l'égard d'autres théories et fournit la clé des problèmes posés dans d'autres secteurs des mathématiques. C'est suivant cette ligne qu'il invoque le cas des sections coniques qui relèvent d'un traitement algébrique dont l'étude systématique conduit à la théorie des formes quadratiques. Aussi indique-t-il que le problème posé par le mode de répartition des nombres premiers relève de procédés fournis par la théorie des fonctions, le problème soulevé par les équations du cinquième degré demande à être traité par les moyens de la théorie des groupes et ainsi de suite.

Ce qu'il y a de remarquable, c'est « la présence, à l'intérieur des mathématiques, de la puissance auto-génératrice »[382]. On sait que les problèmes posés au sein des mathématiques appellent les

---

380 R. BLANCHÉ, *L'axiomatique*, Paris, PUF, 1995, p. 9-10.

381 *Ibid.*, p. 10.

382 J. LADRIÈRE, « Objectivité et réalité en mathématiques », p. 569.

instruments pour les résoudre. Cet appel aux instruments signifie que les problèmes manifestent une fécondité prospective, alors que « le rôle instrumental fait apparaître une fécondité rétrospective, celle de la puissance illuminatrice du plus abstrait — car l'instrument est toujours d'un degré d'abstraction plus élevé que le problème — à l'égard du concret »[383].

6.6.3. Unité des mathématiques

Cet état de choses révèle encore une fois l'existence d'une solidarité de toutes les parties des mathématiques et conduit à évoquer un troisième fait : l'unité des mathématiques. Cette unité est due à la mise à jour des structures très générales et à la reconnaissance, à partir de cette mise à jour, des parentés jadis invisibles. Pour Jean Ladrière, cette unité a permis « de comprendre des situations à première vue étranges, à savoir l'apparition de problèmes de même nature dans des branches fort éloignées les unes des autres, et la fécondité surprenante de certaines méthodes dans des domaines fort étrangers à celui pour lequel elles avaient été créées »[384]. L'application de ces méthodes dans ces branches a joué un rôle unificateur et a rendu effectifs des échanges, des croisements, des emprunts entre théories. Nous pouvons retenir avec Jean Ladrière que « la clé des analogies est toujours fournie par le dégagement d'une structure commune de nature suffisamment générale »[385].

Il s'ensuit que la théorie des structures constitue un cadre signifiant dans le processus d'unification. Tout l'intérêt que revêt cette théorie dans le processus d'unification des mathématiques est admirablement et clairement exprimé par Jean Ladrière : « Plus que l'unité formelle et somme toute assez provisoire suggérée par la théorie des ensembles — qui serait comme le cadre général dans lequel la mathématique tout entière pourrait venir s'insérer — c'est le processus d'unification fourni par la théorie plus concrète des structures qui apparaît signifiant. Bien entendu, la théorie des ensembles doit être supposée, mais par elle-même elle ne constitue qu'un cadre abstrait et inerte »[386].

---

383 J. LADRIÈRE, « Objectivité et réalité en mathématiques », p. 570.

384 *Ibid.*

385 *Ibid.*

386 *Ibid.*

L'édifice mathématique lui-même comporte des structures qui nous permettent de faire apparaître des convergences de ses différentes branches. L'idée de structure commune de ces branches est un présupposé essentiel à l'unification des mathématiques. La mathématique « est la théorie générale des structures. Mais une structure est toujours réalisée sur un support. Or ce qui est visé c'est la structure en tant que telle, c'est-à-dire la forme »[387]. Mais la forme est avant tout objet de pensée. Et en tant que telle, elle est pure. Elle est son objet ultime. Cependant, on ne peut parler de cet objet ultime dans le langage de la forme que dans la mesure où on le pense « sur le modèle des formes connues, qui restent toujours de quelque manière liées à quelque concrétude »[388]. Mais on ne doit pas s'arrêter à cette concrétude pour comprendre la vraie nature de cet objet qui, pour être forme pure, est au-delà de toute forme. « Et pourtant il est, en chaque structure, ce qui lui donne précisément d'être une incarnation partielle de ce qui est visé par l'idée de forme et ce qui est appel, en elle, à un dépassement vers une réalisation plus épurée de cette idée »[389]. Parler de l'objet formel en termes de structure, c'est le présenter sous forme d'idéalité.

Tout ceci nous permet de revenir à notre problème : peut-on considérer que la raison est instauratrice de l'être mathématiques ou peut-on dire que les entités mathématiques sont essentiellement des idéalités ou des objectités idéales ? Ou encore, peut-on dire que la connaissance mathématique appartient fondamentalement à une théorie des formes ? On doit effectivement prendre en compte un fait très intéressant : les opérations mathématiques sont la phénoménalisation de la raison. Elles se basent essentiellement sur l'abstraction au point que l'effectuation de la pratique mathématique est un immense travail d'abstraction, de démonstration, de généralisation, de symbolisation et de systématisation.

Toutes ces activités rendent compte du déploiement de la raison. On en pourrait déduire que l'être mathématique est constitué d'entités purement rationnelles ; et la conceptualisation mathématique en fournit une éclaircie nécessaire. Le monde d'objets mathématiques est un monde que l'esprit construit et saisit au moyen d'opérations appropriées de définition et de démonstration. Ces opérations rendent compte des formes pures, qui sont appelées à être

---

[387] J. LADRIÈRE, *La foi chrétienne et le destin de la raison,* p. 70.
[388] *Ibid.*
[389] *Ibid.*

formalisées. On est là au niveau de l'individuation. Jean Ladrière a fait remarquer que si elle est de l'ordre d'un a priori objectif, d'un préalable de condition, rien ne nous étonne que la réalité mathématique « ne puisse nous apparaître que dans des représentations formelles. Car en elle-même elle est constituée de formes pures et la forme pure ne peut se montrer immédiatement comme telle : si elle n'est que condition, elle ne peut se manifester que dans l'acte même de conditionner, c'est-à-dire en se projetant dans l'objet concret, sensible, dont elle commande la production »[390].

Ce point de vue est comme au cœur des idées qui constituent le fond au moyen duquel on est appelé à concevoir les représentations formelles comme des productions de la rationalité. Quand bien même elles usent d'objets concrets, qui servent de supports aux structures, elles en pratiquent en même temps la mise entre parenthèses. Et comme l'indique Jean Ladrière, « elles exercent dans leur mode de présentation même le processus d'abstraction qui conduit des choses visibles aux formes invisibles. Elles sont donc une représentation au sens fort et actif du mot : elles offrent en spectacle le royaume des formes pures, mais comme à travers des vêtements fantomatiques, elles sont la fantasmagorie de l'idéal »[391].

Cette fantasmagorie de l'idéal est en quelque sorte une mise en exergue de la manifestation des opérations de la raison. Selon cet argument, on comprend dès lors que « la venue à l'existence des êtres mathématiques soit contemporaine des opérations par lesquelles nous construisons »[392]. Plus exactement, cette venue est mise en œuvre et manifestation de la raison elle-même, à partir de ses propres ressources. On pourrait dire qu'elle est une mise en exergue de la démarche de la pensée dans la mesure où cette démarche « a précisément pour fonction de rendre la représentation adéquate à la réalité. Appelée par les exigences de la manifestation, elle est commandée et mesurée à chaque instant par la réalité elle-même »[393]. Mais au-delà de ces exigences, la démarche est avant tout œuvre de l'articulation de la pensée, mieux, de la raison en ce sens que la pensée construit l'objet mathématique au moment où, comme l'explique Jean Ladrière, elle « se noue vraiment comme pensée »[394].

---

[390] J. LADRIÈRE, « Objectivité et réalité en mathématiques », p. 580.

[391] *Ibid.*

[392] *Ibid.*

[393] *Ibid.*

[394] *Ibid.*

6.7. Les mathématiques dans l'univers de la rationalité

Ces indications fort remarquables nous plongent au cœur de l'univers de la raison et nous obligent à considérer que les êtres mathématiques ont essentiellement un caractère intelligible. Il s'agit là des productions rationnelles qui, dans le développement de la pensée et de la réalité mathématique, se sont caractérisées par un accroissement soudain du souci de rigueur, de cohérence et d'efficacité, reposant sur une théorie déductive idéale. Ces « productions peuvent se propager dans leur similarité de personnes à communautés de personnes et, dans l'enchaînement de compréhension de ces répétitions, l'évidence pénètre en tant que la même dans la conscience de l'autre »[395]. Il y a là en quelque sorte une communauté communicante qui rend compte de la formation universelle des productions de l'esprit ou des objets idéaux. Ces objets entrent dans la spatio-temporalité en mesure qu'ils prennent des formes à la fois idéelles et concrètes. « La géométrie et les sciences qui lui sont apparentées ont affaire à la spatio-temporalité et à ce qui y est possible en fait de formes, de figures aussi bien que de formes de mouvement, processus de déformation et autres choses semblables, spécialement en tant que grandeurs mesurables »[396].

Pour représenter ces objets idéaux, on utilise les signes graphiques qui, considérés dans leur corporéité, « sont objets d'une expérience simplement sensible et se trouvent dans la possibilité permanente d'être, en communauté, objets d'expérience intersubjective. Mais en tant que signes linguistiques, tout comme les vocables linguistiques, ils éveillent leurs significations courantes »[397]. Cependant, ces signes graphiques ou ces vocables linguistiques constituent une expression de la dynamique même de la pensée qui élève au niveau abstrait ce qui relève du monde objectif. Ce monde « est de prime abord monde pour tous, le monde que "tout-le-monde" a comme horizon de monde »[398]. Le géomètre construit des objets ou des figures et les fait correspondre à ce monde au moyen des signes graphiques qui, selon une formule élégante d'Edmund Husserl, « considérés dans leur pure corporéité, sont objets d'une expérience

[395] E. HUSSERL, *L'origine de la géométrie*, p. 185.
[396] *Ibid.*, p. 209-210.
[397] *Ibid.*, p. 186.
[398] *Ibid.*, p. 183.

simplement sensible et se trouvent dans la possibilité permanente d'être, en communauté, objets d'expérience intersubjective »[399]. On peut, en un sens, dire que dans la sphère géométrique la notation écrite engendre une conversion du mode d'être originaire de la formation de sens, de l'évidence de la formation géométrique qui vient à l'énonciation.

On est là au cœur du monde construit. Le fonctionnement de ce monde, dont une analyse vient d'être proposée ici, montre l'existence d'un double sens : un sens interne et un sens externe. Le cas de l'opération de la division est fort éclairant. Pour Jean Ladrière, le sens interne d'une division est la place de cette opération dans le champ de l'arithmétique, qui se trouve lui-même inséré dans le champ plus général des mathématiques pures, et ainsi de suite. Quant au sens externe d'une opération particulière ou d'un objet particulier, il est « le rôle que cette opération ou cet objet peut jouer dans l'existence humaine »[400]. Autrement dit, dans le champ des mathématiques, une opération particulière est effectuée dans la mesure où elle répond à un besoin spécifique de l'existence humaine ou elle entretient un rapport réel avec l'existence humaine.

Dans cet ordre d'idées, il y a lieu d'indiquer que l'idée de mesure agraire est née en vue de résoudre un problème concret de l'existence humaine. Pour déterminer avec précision les limites des champs et pour bien quantifier la production, on a été amené à mettre en œuvre des mesures afin de pouvoir limiter des espaces arables et d'éviter en même temps des conflits inutiles. C'est pratiquement d'un contexte apparemment banal que s'est développée l'idée de quantification. De la banalité on arrive à la systématisation : « L'attitude scientifique, écrit Jean Ladrière, naît d'un certain besoin de systématisation et parvient à se développer à partir du moment où elle a découvert son outil, c'est-à-dire la valeur du concept »[401].

Sans doute, le cas du nombre nous paraît-il être intéressant dans la mesure où l'on arrive à le construire à partir de sa propriété. On peut noter que les nombres ont leur propriété à partir de laquelle on peut découvrir des objets typiques. Certains nombres possèdent la propriété remarquable d'être « premiers ». Cette propriété « ne se révèle qu'une fois définie l'opération de division »[402]. En fait, la

---

[399] E. HUSSERL, *L'origine de la géométrie*, p. 186.
[400] J. LADRIÈRE, *La foi chrétienne et le destin de la raison*, p. 47.
[401] J. LADRIÈRE, « Concepts scientifiques et idées philosophiques », p. 115.
[402] J. LADRIÈRE, « La forme et le sens », p. 478, col. 2.

généralisation thématisante comporte un aspect réflexif en ce sens que le nouvel objet, dans la mesure où il reprend en lui comme cas particulier l'objet antérieur, « commence à en révéler l'essence, ce par quoi l'objet antérieur appartenait déjà au royaume des formes que le nouvel objet vient habiter à son tour, dont il contribue par là même à son tour à faire connaître la constitution interne »[403]. L'idée de Jean Ladrière est d'indiquer que cette démarche du nouvel objet fait comprendre le fonctionnement de l'objet antérieur, en même temps, le nouvel objet « commence déjà à constituer une théorie de la forme et par là commence déjà à montrer, dans son effectivité propre, l'essence des mathématiques »[404].

Selon Jean Ladrière, les mathématiques, à mesure qu'elles se construisent, « révèlent en conséquence ce qu'on pourrait appeler la "mathématicité", non seulement de façon implicite, par la monstration des objets qu'elles font apparaître, mais aussi de façon explicite, par la monstration qu'elles font de ce qui constitue ces objets en objets mathématiques »[405]. On peut considérer, le cas échéant, la constitution de la théorie des ensembles d'autant plus que, suivant l'idée fondamentale de Jean Ladrière, en fournissant un cadre tout à fait général dans lequel, en principe, toutes les théories peuvent être exprimées, cette théorie représente une étape décisive de ce processus.

En fait, la théorie des ensembles est elle-même une théorie mathématique, à côté des autres, mais sa spécificité se situe en ceci qu'elle fait apparaître thématiquement les notions apparemment les plus primitives qui sont impliquées dans tous les objets mathématiques. Cela fait d'elle « une théorie réflexive, en laquelle se montre, à un degré déjà très élevé d'abstraction, l'élément formel immanent qui donne aux objets mathématiques d'être précisément, en un sens tout à fait spécifique, des formes pures »[406]. On comprend dès lors que les objets mathématiques soient des formes pures. On pourrait dire, en un sens, que les objets mathématiques sont essentiellement des objets formels, des objets rationnels, des objets intelligibles.

Le réel mathématique relève de l'ordre de la pensée. Cela induit que l'expérience des objets mathématiques est totalement différente

---

[403] J. LADRIÈRE, « La forme et le sens », p. 479, col. 1.

[404] *Ibid.*

[405] *Ibid.*

[406] *Ibid.*, p. 478, col.2 – 479, col. 1.

de celle des objets physiques dans la mesure où « cette expérience est tout entière de l'ordre de la pensée, et d'une pensée opératoire ; elle est faite de l'activité de définition et de démonstration à travers laquelle se découvrent de nouveaux objets et en apparaissent les propriétés »[407].

Jean Ladrière note que cet état de choses a conduit à poser la question décisive, du point de vue des possibilités de la raison, de savoir si l'on doit en rester à une dichotomie définitive entre la pensée pure, qui est pensée des formes, et l'intuition pure, ou bien si la force de l'intelligible, qui s'est révélée dans la construction des disciplines formelles, peut atteindre le domaine empirique et si la forme comme telle a une vertu éclairante par rapport à ce que le monde fait apparaître de lui-même dans le phénomène. Cette question trouvera un éclaircissement dans la deuxième partie de notre étude dans la mesure où elle appelle la mise à jour d'une autre expérience de la raison, « qui a trouvé ses expressions les plus achevées dans le projet et dans les instaurations de la physique mathématique mais qui couvre en fait tout le domaine de ce qu'on peut appeler les sciences empirico-formelles (dont la physique théorique reste le paradigme mais qui ne sont pas de soi limitées aux objets de la nature) »[408].

La forme relève du théorique. Jean Ladrière suggère que la matérialité des énoncés, des formules, des théories sert de support à la forme. Celle-ci « a besoin d'un support, mais le support n'a d'autre fonction que de la faire apparaître. La forme se montre dans l'expression, elle ne peut être dite directement. Mais, pour reprendre une expression ancienne, on peut dire que la forme, de soi, est commune ; elle ne préjuge des manifestations individuelles — en l'occurrence, des expressions particulières, des formalisations déterminées — dans lesquelles elle se révèlera »[409]. La forme sert de médiation entre le langage et la réalité physique. Certes, « la réalité mathématique est de nature telle qu'elle ne peut se livrer à nous que dans une véritable réeffectuaction »[410]. Mais cette réeffectuaction n'a lieu que dans la mesure où on arrive à modifier ce qui a trait aux états de choses, pour ne retenir que ce qui a trait à la forme. Jean Ladrière pense que dans le langage mathématique, nous exprimons des

---

[407] J. LADRIÈRE, « Objectivité et réalité en mathématiques », p. 564.
[408] J. LADRIÈRE, « La forme et le sens », p. 482, col. 2.
[409] J. LADRIÈRE, « Objectivité et réalité en mathématiques », p. 555.
[410] *Ibid.*, p. 556.

situations de fait (par exemple on parle d'une entité douée de telles et telles propriétés) ou des processus concrets (par exemple on décrit le processus qui permet d'engendrer, étape par étape, telle ou telle catégorie d'objet. « Mais, par-là, nous ne faisons que procurer aux formes un corps de manifestation, nous leur offrons la possibilité de se montrer »[411].

C'est sous cet angle que l'on peut lire les propos de Jean Ladrière lorsqu'il écrit : « Le rôle des critères précise ainsi celui de la représentation formelle en général ; non seulement un dispositif représentationnel est nécessaire pour que puisse se manifester la forme, mais les conditions que nous imposons à ce dispositif, le choix des critères, déterminent le type de forme qui se livre à nos investigations »[412].

---

[411] J. LADRIÈRE, « Objectivité et réalité en mathématiques », p. 556.
[412] *Ibid.*, p. 562.

CHAPITRE VII
SCHÉMA GÖDELIEN ET PORTÉE DE LA LIMITATION

La notion de limitation, introduite par Jean Ladrière, concerne le domaine de la connaissance et implique la reconnaissance d'une frontière au-delà de laquelle commence ce qui est provisoirement non compris. Elle prend tout son sens et toute sa portée dans le schéma gödelien et mérite une attention particulière. Elle se comprend dans la recherche de la signification de la puissance des méthodes formelles et dans la mise en évidence des conditions dans lesquelles ces méthodes opèrent avec efficacité.

7.1. Schéma gödelien et indécidabilité

Dans sa réflexion sur les fondements des mathématiques, Jean Ladrière développe l'idée de limitation interne des formalismes et renonce à l'idée d'une fondation absolue des mathématiques. Il se démarque ainsi fondamentalement du rationalisme absolu dont la ligne directrice reste dominée par le souci d'une fondation absolue. Pour y parvenir, il s'appuie sur le schéma gôdelien.

Le schéma gödelien[413] s'enracine dans la démonstration du théorème dit de Gödel, connu généralement sous le nom du théorème d'incomplétude de l'arithmétique. Comme on le verra, ce théorème a un corollaire. Ce qui porte à deux théorèmes et donne à penser à l'existence d'un théorème de complétude et à un autre d'incomplétude de l'arithmétique.

Le schéma gödelien est circonscrit dans la partie axiomatique d'un système formel. Plus précisément, il se développe dans le schéma de dérivation qui comporte des axiomes et des théorèmes. Jean Ladrière souligne que lorsqu'un système comporte un opérateur

---

[413] À ce sujet, lire également N. KALINDULA, « Limitation et circularité d'après Jean Ladrière », p. 312-314.

de négation, « on peut définir ce qu'on appelle une proposition réfutable dans ce système : c'est une proposition dont la négation (proposition formée en faisant précéder la proposition donnée par l'opérateur de négation) est dérivable dans le système »[414]. Cependant, le système en lequel Kurt Gödel construit son théorème principal s'exprime dans une proposition indécidable. Jean Ladrière définit ainsi une proposition indécidable : « Une proposition est dite indécidable dans un système (qui comporte un opérateur de négation) si elle n'est ni dérivable ni réfutable dans ce système »[415].

Mais ce qui nous intéresse et retient notre attention, c'est le théorème principal de Gödel. Ce théorème « établit l'existence, pour une classe de formalismes répondant à des conditions très générales, de propositions indécidables »[416]. Jean Ladrière note que ces conditions générales se ramènent essentiellement aux deux suivantes : le formalisme doit être non contradictoire, et il doit être assez large pour que l'arithmétique récursive y soit formalisable[417]. Ce théorème est à la fois vrai et indérivable.

Pour démontrer son théorème principal, Kurt Gödel construit une proposition dont il établit le caractère indécidable. La démonstration de la proposition indécidable s'effectue au moyen du système LF auquel la proposition appartient et grâce auquel cette même proposition affirme sa propre indérivabilité.

Le formalisme que Gödel considère pour démontrer son théorème est le système LFG. C'est grâce à ce système que la démonstration qu'il opère établit effectivement l'indérivabilité de la proposition G qu'il construit. Comme on le verra dans la démonstration de Gödel, la proposition qu'il construit appartient au système LFG. En considérant que le LFG est cohérent, Gödel affirme qu'on ne peut à la fois dans LFG une proposition et sa négation. Ce qui amène au résultat selon lequel le LFG contient une proposition indécidable[418].

Jean Ladrière évoque les conditions de la démonstration de la proposition indécidable et indique que cette proposition comporte trois opérations essentielles :

---

414 J. LADRIÈRE, *Les limitations internes des formalismes,* p. 39-40.
415 *Ibid.,* p. 40.
416 *Ibid.* p. 91.
417 *Ibid.*
418 *Ibid.,* p. 104.

a) établissement d'une correspondance biunivoque entre la suite des entiers et l'ensemble des propositions à une variable de LFG,
b) substitution, à la variable Θ, du symbole représentant l'entier *n*
c) construction de l'énoncé métathéorique *La proposition coordonnée au nombre n n'est pas dérivable dans LFG.*

Pour étayer son argument sur ces opérations, Jean Ladrière conclut qu'il faut montrer que l'on peut représenter dans LFG :
a) la relation ordinatrice,
b) la substitution à une variable d'un symbole représentant un nombre entier,
c) le prédicat non dérivable dans LFG.

Jean Ladrière explique que, pour montrer en détail comment s'opèrent les représentations voulues, Gödel s'est servi de la théorie des fonctions récursives. Jean Ladrière en vient à l'exposé détaillé du théorème de Gödel et sa démonstration. Il donne la description du formalisme étudié par Gödel et indique l'hypothèse que Gödel fait sur ce formalisme ; il indique comment l'arithmétisation s'effectue, et développe la démonstration proprement dite[419].

Ce préalable étant donné, Jean Ladrière ne se contente pas d'énoncer le théorème de Gödel, mais s'évertue à le démontrer de façon tout à fait rigoureuse. L'énoncé du théorème principal consiste en ceci que, dans un système formel contenant au moins l'arithmétique récursive et répondant à des conditions strictes d'effectivité (possibilité de déterminer de façon effective si une suite de termes est une proposition ou non et si une suite de propositions est une démonstration ou non) il y a (au moins) une proposition indécidable, c'est-à-dire ni démontrable ni réfutable. Ce théorème peut s'énoncer comme suit : « Le système *LFG* contient une proposition prédicative à une variable, $\mathfrak{R}$ ($\mathfrak{X}$), telle que ni ($\mathfrak{X}$) $\mathfrak{R}$($\mathfrak{X}$) ni ~ ($\mathfrak{X}$) $\mathfrak{R}$ ($\mathfrak{X}$) ne sont des propositions dérivables dans *LFG* »[420].

Jean Ladrière appelle cette proposition G et considère qu'elle est fermée : ($\mathfrak{X}$) $\mathfrak{R}$($\mathfrak{X}$). En tant que telle, elle affirme sa propre indérivabilité. En un sens, la proposition G est indérivable dans LFG[421].

[419] J. LADRIÈRE, *Les limitations internes des formalismes,* p. 105. Pour un exposé plus détaillé sur LFG, notamment sur ses constantes, sa morphologie, sur la notion de dérivabilité dans LFG, sur les symboles abréviatifs, sur l'hypothèse faite sur LFG ; sur l'arithmétisation de LFG et le lemme de Gödel, lire *Ibid.,* p. 105-130.
[420] *Ibid.,* p. 130.
[421] *Ibid.,* p. 131.

Dès lors on se rend compte que la proposition G a la propriété d'être indérivable. Elle se construit ainsi : « Soit *a* le nombre – G d'une certaine proposition A de LFg. Dire que cette proposition est dérivable dans LFG, c'est dire qu'il existe une certaine suite de propositions, de nombre-G *s*, telle que *Fdr s a*. Par contre, dire qu'une proposition A n'est pas dérivable dans LFG, c'est dire qu'il n'existe aucune suite de propositions de LFG qui constitue une dérivation de cette proposition. Ou encore, c'est dire que, quelle que soit la suite de propositions que l'on considère, cette suite n'est pas une dérivation de A »[422].

Jean Ladrière ne se contente pas d'évoquer cet énoncé, mais le présente sous forme arithmétique : (X) ~ *Fdr X a.* (Il n'existe aucun nombre qui soit le nombre-G d'une suite de propositions constituant une dérivation de A). Cela met en exergue le caractère non dérivable d'une proposition dans LFG. Quel est effectivement le sens de la proposition G ? Aux yeux de Jean Ladrière, le sens de la proposition G n'est autre que l'affirmation de sa propre indérivabilité[423].

De là Jean Ladrière démontre le caractère indécidable de G en deux étapes, dont la première concerne l'indérivabilité de G et la seconde son irréfutabilité[424]. Il démontre l'indérivabilité de G en utilisant un schéma qui, dans une première approximation, pose le caractère dérivable de G et, dans une seconde approximation, au moyen de la substitution, indique l'impossibilité de sa dérivation. Et ce, dans la mesure où il n'y a pas moyen de mettre en œuvre l'existence d'incohérence de LFG. Puisque LFG est cohérent, l'hypothèse de travail est fausse et G est indérivable[425].

De même, G est irréfutable, c'est-à-dire : ~G n'est pas dérivable. Jean Ladrière note qu'en vertu cette indérivabilité, LFG étant toujours cohérent, il est impossible de réfuter la proposition fermée[426]. D'où le résultat selon lequel G est bien une proposition indécidable de la forme $(\mathfrak{X})\ \mathfrak{R}(\mathfrak{X})$, où $\mathfrak{R}$ est une expression prédicative à une variable[427].

Jean Ladrière montre qu'un tel raisonnement est circulaire et ne conduit pas nécessairement à une contradiction : « Gödel nous

---

[422] J. LADRIÈRE, *Les limitations internes des formalismes*, p. 133.
[423] *Ibid.*, p. 135.
[424] *Ibid.*, p. 138.
[425] *Ibid.*
[426] *Ibid.*, p. 139.
[427] *Ibid.*, p. 140.

montre précisément comment on peut manier un tel raisonnement sans buter sur une contradiction. Il y parvient grâce à la distinction rigoureuse qu'il établit entre le système LFG et sa métathéorie »[428]. Il y a plus : « Il montre que la proposition G appartient effectivement au système LFG et il montre qu'elle est indécidable »[429]. Jean Ladrière précise que ce caractère circulaire de la proposition G peut être évoqué en un sens spécial. C'est donc ce caractère circulaire qui permet de mettre en évidence non seulement l'indérivabilité de la proposition G, mais également son irréfutabilité.

Cet état de choses met en évidence le statut très étrange de la proposition indécidable. On constate que la proposition indécidable « est une proposition autoréflexive : elle affirme d'elle-même qu'elle est non démontrable »[430]. Jean Ladrière considère que la démonstration de Gödel indique que cette proposition est non dérivable et non réfutable dans le système. Ce qui est fort intéressant, c'est que, ce qu'elle dit d'elle-même est vrai. Pour établir sa vérité, il faut sortir du système S auquel elle appartient et faire appel à un dispositif discursif plus large, « contenant des critères de vérité qui permettent de juger de la valeur de vérité des propositions de S »[431].

On voit clairement que la caractérisation de cette situation épistémique demande de distinguer le concept de vérité, qui est un concept sémantique, du concept de dérivabilité, qui du reste est un concept syntaxique[432]. Cela exige de déterminer leur terrain respectif d'application :

> Le concept de vérité met en jeu une relation entre le langage dont relèvent les propositions auxquelles ce concept s'applique et un certain domaine de réalité (idéale ou empirique) que ce langage est censé être capable de décrire. Le concept de dérivabilité met en jeu la capacité du système à produire une suite de propositions reliant, *via* les règles de déduction du système, la proposition à démontrer aux axiomes du système[433].

Tout ce développement nous amène à rappeler un fait fort remarquable qui caractérise l'épistémologie des mathématiques de Jean Ladrière : c'est d'avoir suggéré les faits de limitation à partir de l'étude de la signification du théorème de Gödel et des théorèmes apparentés et de leur rôle dans la théorie des fondements des

---

428 J. LADRIÈRE, *Les limitations internes des formalismes,* p. 152.

429 *Ibid.*

430 J. LADRIÈRE, « Préface » *à* A. HOUZIAUX, *Dieu à la limite de l'infini*, p. 32.

431 *Ibid.*

432 N. KALINDULA, « Limitation et circularité d'après Jean Ladrière », p. 312.

433 *Ibid.*

mathématiques. Jean Ladrière a clairement expliqué que les faits de limitation en particulier apparaissent sur le trajet d'un effort d'élucidation radical que la pensée mathématique a entrepris à partir de son propre acquis[434]. Il met en évidence le fait de limitation du théorème de Gödel (appelé généralement théorème d'incomplétude de l'arithmétique) qui, selon lui, a eu le plus de retentissement et qui demeure le plus significatif.

Pour Jean Ladrière, le théorème de Gödel nous offre un double acquis : il « nous a appris que dès le moment où une théorie possède une certaine puissance (et c'est déjà le cas pour l'arithmétique ordinaire), sa non-contradiction ne peut être établie que dans une métathéorie où interviennent des procédés de démonstration plus puissants que ceux de la théorie elle-même, ce qui entraîne en particulier pour conséquence que la métamathématique ne peut se contenter d'un cadre strictement finitiste. Il nous a également appris qu'un système formel ne peut jamais être considéré comme une représentation adéquate de la théorie mathématique qu'il est censé exprimer, du moins en ce sens qu'il ne permet pas de décider effectivement de la validité de certains énoncés. Or la métamathématique au sens hilbertien ne peut s'appliquer qu'à des théories strictement formalisées ; ses résultats ne valent donc que pour ce qui est contenu dans les formalismes qu'elle étudie. Cela signifie qu'elle ne peut attendre une sorte de vérité mathématique absolue et que, de toute façon, dans ce qu'elle peut atteindre, il subsiste des aspects d'indétermination »[435]. De tels aspects font effectivement état de limitation.

7.2. Portée philosophique des faits de limitation

La réflexion philosophique peut-elle tirer un intérêt du développement de la pensée mathématique ? Sur quelle base pourrait reposer un tel intérêt ? Il s'agit là d'une interrogation à caractère critique, qui mine l'épistémologie contemporaine et qui mérite d'être approfondie grâce à des instruments de travail efficaces et à l'aspect critique dont la rigueur et la vigilance constituent des propriétés essentielles.

---

434 J. LADRIÈRE, *Les limitations internes des formalismes*, p. 401.
435 *Ibid.*, p. 403.

La critique philosophique est appelée à rester attentive aux développements de la pensée mathématique, notamment en ce qui concerne plus particulièrement les fondements des mathématiques. L'examen critique qui s'effectue dans l'épistémologie contemporaine consacrée à la pensée mathématique aborde divers aspects techniques essentiels à la réflexion philosophique. Il constitue un véritable travail d'une profonde exigence de rationalité. Et l'exigence de rationalité, on l'a vu, est corrélative à l'exigence de rigueur caractéristique du travail d'épistémologie.

C'est un tel travail qui a été entrepris dans cet essai. On a pris soin de s'interroger sur la portée de la construction continue de la raison mathématique. Ainsi on a été amené à mesurer la fécondité de la raison dans la construction et dans la démonstration des théories mathématiques.

De façon très approximative, on peut dire que le souci de construire la pensée mathématique sur une base solide doit prendre en compte les développements de l'intelligence mathématique et la dualité propre à la raison dans son effectuation. Il doit également prendre en compte des faits de limitation.

Ces faits font état des résultats relatifs au problème de la décision. Le concept d'indécidabilité permet de rendre compte de cet état de choses. Jean Ladrière remarque que « les résultats relatifs au problème de la décision (liés à ceux de Gödel, comme l'ont montré les travaux de Kleene) nous ont appris qu'il y a des problèmes de décision insolubles, et en particulier que certains problèmes métamathématiques ne peuvent recevoir de solution effective. Ils ont montré que les mathématiques ne peuvent être fondées entièrement sur des procédures effectives et que l'existence mathématique, par conséquent, n'est pas circonscrite par les frontières de l'effectuable »[436].

Ce qui importe, c'est de voir dans ces faits de limitation la circonscription du champ d'efficacité de la méthode formelle. Jean Ladrière considère que les propositions indécidables, qui mettent en évidence les limitations, ne peuvent pas amener à suspecter les entreprises de formalisation de ne nous donner qu'une vue appauvrie de la réalité et de sacrifier à une fausse rigueur le contenu de vérité qui appartient en propre aux théories mathématiques. Bien au contraire, les limitations apportent plus de lumière : « Ce qu'elles nous apprennent, ce n'est pas que la recherche de la rigueur

---

[436] J. LADRIÈRE, *Les limitations internes des formalismes,* p. 403.

comporte d'étroites limites au-delà desquelles elle nous fait perdre le contact avec la vérité, c'est au contraire qu'elle rend apparentes les insuffisances du raisonnement nature et des évidences trop immédiates et que, en ce sens, elle demeure l'instrument indispensable de l'accès à la vérité »[437].

7.3. Dualité de la pensée et de l'objet mathématiques

Plutôt que d'aborder la question du fondement des mathématiques dans sa globalité, ce qui n'aurait fourni aucune efficacité, nous avons préféré l'analyser à partir du mouvement de l'instauration de la rationalité. Ce mouvement rend compte de l'existence mathématique et du cheminement de la pensée mathématique. Il s'agit d'un cheminement progressif en ce sens que le domaine des objets mathématiques n'est pas étalé devant nous comme un spectacle dont tous les points nous seraient également accessibles. Il se dévoile progressivement à nous et chaque nouvelle démarche ouvre de nouvelles perspectives.

Un aspect remarquable que l'on découvre dans cette épistémologie, c'est l'instauration de la rationalité. En mettant en perspective un travail de clarification critique de la pensée mathématique, ses modes de conceptualisation et les procédures de validation des théories mathématiques, il a été possible de rendre effectivement compte de la progression dans le sens de la rigueur. Cet examen a révélé que l'être mathématique est constitué d'entités purement rationnelles. Et comme nous l'avons clairement suggéré, la conceptualisation mathématique en fournit une éclaircie nécessaire. Le monde d'objets mathématiques est un monde que l'esprit construit et saisit au moyen d'opérations appropriées de définition et de démonstration. Ces opérations rendent compte des formes pures, qui sont appelées à être formalisées. Ainsi il est tout à fait normal de considérer la réalité mathématique dans des représentations formelles. Car en elle-même elle est constituée de formes pures et la forme pure ne peut se montrer immédiatement comme telle : si elle n'est que condition, elle ne peut se manifester que dans l'acte même de conditionner, c'est-à-dire en se projetant dans l'objet concret,

---

[437] J. LADRIÈRE, *Les limitations internes des formalismes*, p. 404.

tangible, dont elle commande la production. Et cet objet tangible est le formalisme[438].

La méthode de formalisation fait preuve d'une efficacité en ce sens qu'elle nous permet d'éviter l'impasse du raisonnement naturel. Elle fournit des procédures parfaitement correctes. Elle a joué un rôle essentiel dans la démonstration du théorème de Gödel. En examinant ce rôle, Jean Ladrière en est venu à interpréter les faits de limitation et en a indiqué des erreurs à éviter. Dans le souci de dissiper tout malentendu, Jean Ladrière note que « la méthode formelle nous permet précisément de critiquer les pseudo-évidences du discours non formalisé et de mieux situer les frontières du contradictoire, en nous apprenant qu'elles ne se trouvent pas là où le discours non formalisé nous invite à les trouver »[439].

On voit clairement qu'il est indispensable de recourir à la formalisation dans la mesure où la méthode de formalisation rend plus accessible l'être mathématique. Le formalisme nous ouvre la voie à une construction rigoureuse de l'être mathématique. Il dessine les perspectives selon lesquelles l'être mathématique, en devenant accessible au moyen d'un objet tangible, revêt une forme plus transparente au domaine rationnel.

Le domaine du rationnel auquel appartient l'être mathématique se donne dans une oscillation entre l'intelligible pur et le perceptif. Le langage mathématique a en particulier sa signification dans la réalité mathématique. Les significations qu'il véhicule « s'enracinent dans l'expérience *sui generis* par laquelle nous avons accès au domaine de la réalité mathématique. Les objets mathématiques ne sont pas donnés tels quels dans le champ de la perception, ils n'appartiennent pas non plus à un monde purement intelligible avec lequel nous pourrions nous mettre en relation immédiate »[440]. Nous avons accès à ces objets au moyen des évidences, qui « sont médiatisées par des constructions appropriées qui utilisent, à un titre ou l'autre, les données perceptives (qu'il s'agisse de constructions géométriques ou de manipulations effectuées sur des symboles) »[441].

---

[438] L'efficacité du formalisme demeure indéniable et inéluctable dans le développement de la pensée mathématique et dans la révolution qu'elle a menée dans divers domaines du progrès scientifique.
[439] J. LADRIÈRE, *Les limitations internes des formalismes*, p. 405.
[440] *Ibid.*, p. 406.
[441] *Ibid.*, p. 407.

Jean Ladrière indique un élément important au sujet de ces évidences en notant qu'elles s'enchaînent suivant des itinéraires que l'on ne peut pas parcourir n'importe comment. Selon lui, « ceci est vrai non seulement du lien démonstratif, qui nous permet de passer d'une propriété à l'autre, mais aussi, et plus profondément, du mode d'engendrement des théories »[442].

On peut même affirmer que la nécessité du recours à la formalisation est corrélative à l'exigence de rigueur. Cette corrélation fait que le système formel est à la fois un instrument et un objet de mise en œuvre de la pensée mathématique, d'autant que, « sous sa forme la plus parfaite, la mathématique devient la science des systèmes formels »[443]. Cela porte à noter que le système formel anime la vie interne de l'expérience mathématique et conforte la pensée mathématique de l'exigence de rigueur. On ne peut dissocier l'entreprise mathématicienne du projet de formalisation qui, selon toute convenance, lui est pratiquement inhérent. Comme l'explique clairement Jean Ladrière, inscrit déjà dans ses premières démarches, ce projet de formalisation « devient de plus en plus apparent à mesure que cette entreprise se développe et qu'elle découvre des structures plus générales et par conséquent plus fondamentales »[444].

Cependant, la méthode de formalisation ne peut véritablement devenir efficace que si elle abandonne son projet de formalisation intégrale du champ mathématique. Considérant qu'une telle idée fait état d'une limite, Jean Ladrière note que les faits de limitation nous indiquent avec précision pourquoi le système total ne peut être qu'une idée-limite. Ils mettent en exergue l'impossibilité d'une formalisation complète du champ intuitif et montrent que la dualité de l'intuitif et du formel demeure irréductible[445].

Certes, le système formel comporte une efficacité incontestable dans la mesure où il s'effectue suivant l'exigence de rigueur. Il est peut-être intéressant de rappeler qu'en tant que tel, le système formel est un langage rigoureux nécessaire pour corriger l'intuition et critiquer les pseudo-évidences qui se constituent au niveau des analyses non formalisées. Mais la contrepartie de la conquête de la rigueur est le morcellement du langage et la renonciation à l'idée du système total :

---

[442] J. LADRIÈRE, *Les limitations internes des formalismes*, p. 407.

[443] *Ibid.* p. 408.

[444] *Ibid.*

[445] *Ibid.*, p. 410.

Jean Ladrière rend effectivement compte de ces faits de limitation. Il écrit à ce propos : « Le système total n'est réalisable ni comme représentation adéquate du champ intuitif, ni comme structure formelle capable de se réfléchir entièrement elle-même, ni comme ensemble de procédures canoniques susceptibles de fournir une solution effective à tout problème mathématique »[446].

Bien plus, en insistant sur la renonciation à l'idée du système total, Jean Ladrière met en exergue les faits de limitation et montre la portée épistémologique du schéma gödelien. Les propositions indécidables rendent compte de l'impossibilité de représenter avec exactitude dans le champ du déductif la vérité qui relève du champ intuitif. Jean Ladrière précise une telle idée lorsqu'il écrit : « L'existence de propositions indécidables montre qu'il n'est pas possible de trouver dans le champ du déductif la représentation exacte de ce qui appartient au champ de la vérité intuitive : il y a toujours plus dans le domaine de la vérité intuitive que ce que l'on peut représenter dans le domaine des dérivations possibles »[447]. Jean Ladrière explique que pour étendre la représentation, on doit « passer à des systèmes de plus en plus vastes et comme le mécanisme qui permet de construire des propositions indécidables peut toujours s'appliquer aux nouveaux systèmes que l'on considère, on peut continuer indéfiniment à élargir le système dont on est parti sans jamais réussir à intégrer totalement le domaine de la vérité intuitive dans le domaine du dérivable. On n'atteint donc jamais le système universel, qui serait la parfaite réduplication de ce qui est accessible aux opérations de la pensée intuitive »[448].

Sans doute trouve-t-on une idée lumineuse sur les faits de limitation. L'exigence de rigueur ne peut se dédouaner complètement du domaine de la vérité intuitive. « Il n'existe pas de système fermé qui serait comme le paradigme de tout discours, le canon suprême de la raison. Quel que soit le système que nous puissions considérer, il y a toujours des formes de raisonnement qui lui restent étrangères »[449].

L'idée directrice qu'on retrouve dans ce texte est la reconnaissance qu'il n'est pas possible, en mathématiques, d'abolir la dualité de la pensée et de l'objet mathématiques. La portée de la proposition indécidable rend compte de cet état de choses et montre

---

[446] J. LADRIÈRE, *Les limitations internes des formalismes,* p. 411.
[447] *Ibid.*
[448] *Ibid.*
[449] *Ibid.*, p. 412.

que les possibilités de la pensée mathématique ne s'épuisent pas dans le champ du décidable.

La méthode de formalisation est certes d'une portée majeure et significative dans l'efficacité de la pensée mathématique. Mais elle ne signifie pas qu'il faille mettre totalement à l'écart le domaine intuitif. « L'usage de la méthode formelle ne dispense pas la pensée mathématique de mettre en œuvre des méthodes qui ne se réduisent pas à l'application d'un programme d'opérations déterminé à l'avance. Bien plus, les systèmes formels eux-mêmes font apparaître des problèmes qui ne peuvent être abordés qu'au moyen de telles méthodes »[450]. D'où cette conclusion de Jean Ladrière : « La pensée mathématique ne peut donc faire totalement abstraction du sens intuitif de problèmes qu'elle pose et des opérations qu'elle effectue. Dire qu'il n'y a pas de calcul universel, c'est dire que l'on ne peut tout ramener à des règles purement formelles de manipulation, que le domaine du sens ne s'identifie pas avec celui de l'effectivement praticable et que, même dans les instaurations formelles, le contact avec les sources de signification intuitives reste indispensable »[451].

On voit dans cette mise en perspective que le système de l'intelligible propre à la pensée mathématique ne peut être coupé de sa référence à une expérience, ne peut s'absorber dans une objectivité fermée. Pour rendre compte de cela, Jean Ladrière évoque les recherches métathéoriques qui, selon lui, utilisent la méthode des modèles et « mettent en relief de façon plus positive cette connexion nécessaire entre le formel et l'intuitif. Elles indiquent en effet que le simple examen des liens déductifs intérieurs à un système ne permet pas de se faire une idée complète d ses propriétés. Certaines de celles-ci sont en effet relatives aux interprétations que l'on peut proposer du système étudié. Or toute interprétation renvoie à un champ d'objets et de relations extérieures au système et dont le sens doit pouvoir être fixé indépendamment de celui-ci »[452].

Le domaine intuitif requiert une importance dans la signification d'un système en ce sens que la démonstration de ce système y a recours. Il constitue un donné préalable auquel les propriétés métathéoriques tiennent. On le sait, le donné, « c'est celui de l'expérience mathématique élémentaire. Tout l'effort de la théorie de la démonstration, c'est non pas d'éliminer ce donné mais de le

[450] J. LADRIÈRE, *Les limitations internes des formalismes*, p. 413.
[451] *Ibid.*
[452] *Ibid.*

circonscrire de telle façon que l'on puisse le considérer comme soustrait à toute mise en question ultérieure. C'est là le sens des discussions qui entourent la notion de constructivité »[453].

Cela ne signifie pas que le recours à l'élémentaire confère à l'expérience mathématique toute la rigueur dont elle a besoin. Les concepts mathématiques ne prennent un sens rigoureux que lorsqu'ils sont intégrés dans une formalisation. Et ce, dans la mesure où le formel fait apparaître des propriétés qui n'étaient pas visibles au plan intuitif. On retrouve là une avancée fort significative qu'effectue Jean Ladrière. Il y a effectivement là une mise en relief des faits de limitation qui, aux yeux de Jean Ladrière, font apercevoir de façon plus précise qu'il n'y a pas d'absolu en mathématique, en ce sens tout au moins qu'il n'y a pas de système définitif qui puisse être considéré comme intégrant la totalité du réel mathématique[454].

Il convient de retenir que la structure du langage formel comporte des faits de limitation dans la mesure où les restrictions décrites dans les théorèmes de limitation ont un caractère de nécessité. Jean Ladrière a eu le privilège de faire remarquer, d'une part, que les théorèmes de limitation sont des théorèmes méta-théoriques. Et en ce sens, ils impliquent la possibilité d'établir une distinction entre théorie et métathéorie et de donner, dans chaque cas concret, un sens précis à cette distinction. Pour Jean Ladrière, la métathéorie d'un système LF_1 peut être formalisée dans un système LF_2 et devenir alors à son tour l'objet d'une métathéorie qui pourra être éventuellement formalisée dans un système LF_3. D'où.la conclusion selon laquelle une métathéorie peut être considérée elle-même comme une théorie par rapport à une autre métathéorie. Mais, insiste Jean Ladrière, ce qui est essentiel, « c'est qu'il est possible d'entreprendre, dans chaque cas, un examen métathéorique du système envisagé et que les considérations métathéoriques relatives à un système se situent en dehors du système lui-même (encore qu'elles puissent, dans certains cas, être formalisées– au moins en partie–dans le système) »[455].

D'autre part, il note que les démonstrations métathéoriques qu'il a examinées dans son étude font intervenir une représentation arithmétique des systèmes qu'elles concernent. Et ce, « grâce à la méthode d'arithmétisation, qui permet de coordonner des nombres

---

[453] J. LADRIÈRE, *Les limitations internes des formalismes*, p. 414.
[454] *Ibid.*, p. 415.
[455] *Ibid.*, p. 416.

entiers aux différents éléments qui font partie d'un système formel (qu'il s'agisse des composantes élémentaires ou des différents types d'expressions que l'on peut construire au moyen de ces composantes, ou encore des suites d'expression que l'on peut former dans le système) »[456].

On le sait, le théorème de Gödel comporte une proposition qui affirme d'elle-même sa propre indérivabilité. « Cette proposition peut être construite dans le système LFG parce que la relation de dérivabilité peut être exprimée sous forme arithmétique et parce que le système LFG contient une formalisation de l'arithmétique. Grâce à ces deux conditions, on peut faire au sujet du système LFG un raisonnement qui est analogue au raisonnement par lequel Cantor prouve que l'ensemble des ensembles d'entiers n'est pas démontrable »[457]. Toute cette argumentation aboutit à l'affirmation de la proposition indécidable à la base du schéma gödelien sur lequel s'appuie la critique philosophique que Jean Ladrière amorce et qui a une portée significative dans le développement de l'épistémologie contemporaine, notamment dans le domaine des mathématiques.

Il s'ensuit que, pour Jean Ladrière, le résultat de l'argumentation de Gödel montre que, étant donné une énumération d'ensembles d'entiers, il n'est pas possible de caractériser tous ces ensembles de façon effective ; ce qui donne la possibilité d'établir l'existence d'un entier *i* et d'un nombre *En* pour lesquels on ne peut décider si cet entier fait partie ou non de cet ensemble[458]. Or, un entier est construit dans un langage objectivé qui constitue un limon en lequel il s'enracine, s'enveloppe et se thématise.

Le formalisme demeure ce magnifique instrument de thématisation de la pensée mathématique. Il caractérise les opérations constructives. Constitué principalement du langage symbolique, il a l'avantage de posséder une double propriété : d'une part, le langage symbolique « se présente comme une extériorité entièrement accessible à la perception, et d'autre part il est capable de représenter les démarches qui se nouent au plan de la pensée intuitive »[459]. La méthode de formalisation est alors cette méthode d'objectivation à laquelle recourt la pensée mathématique pour se rendre plus efficace et soumettre à un contrôle rigoureux les objets

[456] J. LADRIÈRE, *Les limitations internes des formalismes*, p. 416.
[457] *Ibid.*, p. 419.
[458] *Ibid.*, p. 420.
[459] *Ibid.*, p. 439.

qu'elle construit. Certes, dès qu'il est constitué, le formalisme « a sa consistance propre et autorise des manipulations autonomes, mais ce n'est jamais que d'une manière provisoire ; son sens reste relatif au champ intuitif dont il s'est détaché, il y a un moment de l'interprétation dont on ne peut faire totalement abstraction »[460].

On voit là émerger et se peaufiner l'idée d'ouverture dans la manifestation d'un inépuisable. L'efficacité de la pensée mathématique est effective dans le domaine du formel où elle se lie à des conditions rigoureuses d'accomplissement et où elle rencontre ces conditions.

---

[460] J. LADRIÈRE, *Les limitations internes des formalismes*, p. 439-440.

BIBLIOGRAPHIE

BERGSON Henri ; *L'évolution créatrice,* La première édition critique de Bergson sous la direction de Frédéric Worms, 11e édition, (Quadrige), Paris, PUF, 2009.

BERTEN André, « Formalisme, sens et pragmatique », in GREISCH, J. et FLORIVAL, G. (éd.), *Création et événement. Autour de Jean Ladrière,* Centre International de Cerisy-la-Salle, Actes de la Décade du 21 au 31 août 1995, Louvain/Paris, Peeters, 1996, p. 255-269.

BLANCHÉ Robert, *L'axiomatique,* (Quadrige, 116), Paris, PUF, 1995.

BORCEUX François, « Nombre », in AUROUX, S. (éd.), *Encyclopédie philosophique universelle,* Paris, PUF, 1990, p. 1755-1756.

BOREL Émile, « L'évolution de l'intelligence géométrique », in BERGSON Henri, *L'évolution créatrice* La première édition critique de Bergson sous la direction de Frédéric Worms, 11e édition, (Quadrige), Paris, PUF, 2009, p. 605-611.

CANGUILHEM Georges, *Idéologie et rationalité dans l'histoire des sciences de la vie. Nouvelles études d'histoire et de philosophie des sciences,* 2e édition revue et corrigée, Paris, J. Vrin, 2000.

CASSIRER Ernst, *Le problème de la connaissance dans la philosophie et la science des temps modernes.* 1. *De Nicolas de Cues à Bayle* (Traduit de l'allemand par René Fréreux), Paris, Cerf, 2004.

CAVAILLES Jean, *Sur la logique et la théorie de la science,* Paris, PUF, 1960.

CHÂTELET Georges, *Les enjeux du mobile. Mathématique, physique, philosophie,* Paris, Seuil, 1993.

COURNOT André, *Essais sur les fondements de nos connaissances,* Paris, J. Vrin, 1975.

CRABBÉ Marcel, « Théorie des ensembles », in S. AUROUX (éd.), *Encyclopédie Philosophique Universelle.* II. *Les notions philosophiques. Dictionnaire.* 1. *Philosophie occidentale,* Paris, PUF, 1990, p.798.

DAHAN-DALMEDICO Amy et PEIFFER Jeanne, *Une histoire des mathématiques. Routes et dédales,* Paris, Seuil, 1996.

DE STOXHEL Guillaume, « Approches de la pensée de Jean Ladrière », in *La Revue Nouvelle,* 124 (2005) n° 2, p. 96-107.

FELTZ Bernard et GHINS Michel (éds), *Les défis de la rationalité.* Actes du Colloque organisé par l'Institut Supérieur de Philosophie (UCL) à l'occasion des 80 ans de Jean Ladrière, Louvain-la-Neuve/Louvain/Paris/ Dudley, Éditions de l'Institut Supérieur de Philosophie /Peeters, 2005.

FELTZ Bernard

1. « Le concept de sélection naturelle : entre science et idéologie », in *Revue des Questions Scientifiques* 168 (1997) n° 4, p. 359-369.
2. « Modernité critique et discours ecclésial », in *Revue théologique de Louvain* 44 (2013), p. 1-32.

FREGE Gottlob, *Les fondements de l'arithmétique. Recherche logico-mathématique sur le concept de nombre*, (1re édition 1884), Traduction et introduction de Claude Imbert, Paris, Seuil, 2011.

GAUTHIER Yvon

1. *Méthodes et concepts de la logique*, Montréal, PUM, 1981.
2. *De la logique interne*, Paris, J. Vrin, 1991.
3. « Les fondements des mathématiques », in JACOB André (éd.), *Encyclopédie philosophique universelle*. I. *L'univers philosophique*, Paris, PUF, 1989, p. 541-549.

GERMAIN Paul, « Sur quelques caractéristiques des disciplines scientifiques et sur la portée de la science », in *Les Études Philosophiques* 2 (1978), p. 157-170.

GANDON Simon et SMADJA Ivan (éds), *Philosophie des mathématiques. I. Ontologie, vérité et fondements*. Traductions par A.-M. Boivert, S. Gandon, B. Halimi, I. Ly, S. Maronne, I. Smadja, B. Timmermans, Paris, J. Vrin, 2013.

GRANGER Gilles Gaston

1. *Leçon inaugurale faite le vendredi 6 mars 1987*, Paris, Collège de France, 1987.
2. « Catégories et raison », in JACOB, A. (éd.), *Encyclopédie philosophique universelle*. I. *L'univers philosophique*, 1re édition, Paris, PUF, 1989, p. 528-541.
3. *La vérification*, Paris, Odile Jacob, 1992.
4. *Formes, opérations et objets*, Paris, J. Vrin, 1994.
5. *Sciences et réalité*, Paris, Odile Jacob, 2001.

GREISCH Jean et FLORIVAL Ghislaine (éds), *Création et événement. Autour de Jean Ladrière*. Centre International de Cerisy-la-Salle. Actes de la Décade du 21 au 31 août 1995, Louvain/Paris, Peeters, 1996.

HOUZIAUX Alain, *Dieu à la limite de l'infini. Une légitimation du discours théologique*, Paris, Cerf, 2002.

HUSSERL Edmund

1. *Idées directrices pour une phénoménologie et une philosophie phénoménologique pure*. T. 1. *Introduction générale à la phénoménologie pure*, traduit de l'allemand par Paul Ricœur, 5e édition, Paris, Gallimard, 1950.
2. *L'origine de la géométrie*, traduction et introduction par Jacques Derrida, Paris, PUF, 1974.

3. *Méditations cartésiennes. Introduction à la phénoménologie*, traduit de l'allemand par Mlle Gabrielle Peiffer et M. Emmanuel Levinas, Paris, J. Vrin, 1980.

JAMEUX Dominique, « Symbole », in *Encyclopaedia Universalis*, Corpus 17, Paris, Encyclopaedia Universalis France, 1985, p. 494, col. 1-2.

KALINDULA Norbert

1. *Jean Ladrière et la problématique de la rationalité scientifique*, Paris, Edilivre, 2015.
2. « Le rôle de la raison dans la théorie du fondement des sciences d'après Jean Ladrière », in *Recherches scientifiques africaines. Tendances, débats et résultats.* (RSA 1), Kinshasa, Presses de l'UCC–Noraf, 2017, p. 78-114.
3. « Limitation et circularité d'après Jean Ladrière », in LECLERCQ Jena et SCAILLET Thierry (éds), *Lire Jean Ladrière : une introduction à son œuvre*, Louvain-la-Neuve, PUL, 2019, p. 307-332.
4. *Exigence critique, rationalité et méthodologie des sciences. Penser avec Jean Ladrière*, Louvain-la-Neuve, Academia, 2019.
5. *Connaissance rationnelle et théorie du fondement des sciences. Débat à partir de Jean Ladrière*, Louvain-la-Neuve, Academia, 2021.

KANT Emmanuel, *Critique de la raison pure, i*ndex analytique établi par Patrick Savidan, traduction, présentation et notes par Alain Renaut, 3e édition corrigée, Paris, Flammarion, 2006.

KLEENE Stephen, *Logique mathématique*, traduction de Jean Largeault, Paris, Armand Colin, 1971.

LADRIÈRE Jean

1. « Concepts scientifiques et idées philosophiques », in DE RAEYMAEKER Louis (éd.), *La relativité de notre connaissance*, Louvain, Éditions de l'Institut Supérieur de Philosophie, 1946, p. 103-156.
2. « Le rôle du théorème de Gödel dans le développement de la théorie de la démonstration », in *Revue philosophique de Louvain* 47 (novembre 1949), Troisième série, n° 16, p. 469-492.
3. « Rationnel et irrationnel en mathématique », in *Revue philosophique de Louvain* 48 (1950), p. 37-62.
4. « Le Congrès International de Philosophie des Sciences », in *Revue philosophique de Louvain* 48 (1950), p. 102-119.
5. « Le théorème fondamental de Gentzen », in *Revue philosophique de Louvain* 49 (novembre 1951), Troisième série, n° 23, p. 375-384.
6. « Mathématiques et formalisme », in *Revue des Questions scientifiques* (octobre 1955), p. 538-574.
7. « La notion de constructivité en mathématiques », in *Bulletin de la société mathématique de Belgique* t. VIII, fasc. 1 (1956), p. 82-97.

8. *Les limitations internes des formalismes. Étude sur la signification du théorème de Gödel et des théorèmes apparentés dans la théorie des fondements des mathématiques,* Leuven/Paris, Nauwelaerts/Gauthier-Villars, 1957, réédité à Paris, J. Gabay, 1992.
9. « La philosophie des mathématiques et le problème du formalisme », in *Revue philosophique de Louvain* 57 (1959), p. 600-622.
10. « Les limitations des formalismes et leur signification philosophique », in *Dialectica*, vol. 14 (1960) n° 4, p. 279-320.
11. « Historicité et destinée », in *Revue philosophique de Louvain,* t. 58 (1960), p. 103-134.
12. « Expression de la récursion primitive dans le calcul lambda-K », in *Logique et Analyse,* Nouvelle série, 4e année, 13-14, (1961), p. 23-54.
13. « Objectivité et réalité en mathématiques », in *Revue philosophique de Louvain* 64 (août 1966), troisième série, n° 84, p. 550-581.
14. « Les limites des formalismes », in PIAGET Jean (éd.), *Logique et connaissance scientifique,* (Encyclopédie de la Pléiade), Paris, Gallimard, 1967, p. 312-333.
15. « Sens et système », in *Esprit* (mai 1967) n° 360, p. 822-824.
16. « La philosophie des sciences », in WIGNY Paul (éd.), *La nouvelle bibliothèque de l'honnête homme,* Anvers, Imprimerie Excelsior, 1968, p. 695-708.
17. *L'articulation du sens. Discours scientifique et parole de la foi,* Paris, Aubier Montaigne/Cerf/Delachaux & Nestlé/Desclée de Brouwer, 1970.
18. « Langage scientifique et langage spéculatif », in *Revue philosophique de Louvain* 69 (février 1971), Quatrième série, n° 1, p. 92-132.
19. *La science, le monde et la foi,* Tournai, Casterman, 1972.
20. *Vie sociale et destinée,* Gembloux, Duculot, 1973.
21. « Vérité et praxis dans la démarche scientifique », in *Revue philosophique de Louvain* LXXII (1974), p. 284-310.
22. « L'Abîme », in *Savoir, faire, espérer : les limites de la raison,* Bruxelles, Facultés universitaires Saint-Louis, 1976, p. 171-191.
23. « L'inertie du champ épistémologique », in *Colloques d'Histoire des sciences,* Louvain, Bureau du Recueil, Bibliothèque de l'Université/Nauwelaerts, 1976, p. 3-12.
24. *Les enjeux de la rationalité. Le défi de la science et de la technologie aux cultures,* Paris, Aubier Montaigne/UNESCO, 1977.
25. « La philosophie et son passé. Durée et simultanéité », in *Revue philosophique de Louvain* 75 (1977), p. 332-357.
26. « Les sciences humaines et le problème de la scientificité », in *Les Études Philosophiques* 2 (1978), p. 131-150.
27. « Philosophie et politique », in *Qu'est-ce que l'homme ? Philosophie/Psychanalyse. Hommage à Alphonse De Waelhens (1911-1981),* Bruxelles, Facultés universitaires Saint-Louis, 1982, p. 303-324.

28. *L'articulation du sens.* I. *Discours scientifique et parole de la foi*, Paris, Cerf, 1984.
29. *L'articulation du sens.* II. *Les langages de la foi*, Paris, Cerf, 1984.
30. « Sciences et discours rationnel », in *Encyclopaedia Universalis*, Corpus 16, Paris, Encyclopaedia Universalis France, 1985, p. 551-555.
31. « Système », in *Encyclopaedia Universalis*, Corpus 17, Paris, Encyclopaedia Universalis France, 1985, p. 585-588.
32. « Le devenir de la raison », in *Revue Nouvelle* 84 (1986), p. 229-247.
33. « La normativité de la pensée scientifique », in HOTTOIS Gilbert (éd.), *Philosophie et sciences*. Bruxelles, Éditions universitaires de Bruxelles, 1986, p. 25-47.
34. « La vérité et ses critères », in *Revue théologique de Louvain* 18 (1987), p. 147-170.
35. « Représentation et connaissance », in *Encyclopaedia Universalis* Corpus 15, Paris, Encyclopaedia Universalis France, 1988, p. 904-906.
36. « Herméneutique et épistémologie », in GREISCH Jean et KEARNEY René (éds), *Paul Ricœur. Les métamorphoses de la raison herméneutique*, Paris, Cerf, 1991, p. 107-125.
37. « Les figures de la raison », in FLORIVAL Ghislaine (éd.), *Figures de la rationalité. Études d'anthropologie philosophique.* IV (Bibliothèque Philosophique de Louvain 34), Paris/Louvain-la-Neuve, Librairie Philosophique J. Vrin/Éditions de l'Institut Supérieur de Philosophie/ Librairie Peeters, 1991, p. 105-128.
38. « La pertinence d'une philosophie de la nature aujourd'hui », in INSTITUT CATHOLIQUE DE PARIS, *De la nature. De la physique classique au souci écologique*, présentation de Pierre Colin, Paris, Beauchesne, 1992, p. 63-93.
39. « Interprétation et vérité », in *Contributions à l'épistémologie des sciences humaines et de la théologie : hommage à Jean Ladrière*, in *Laval théologique et philosophique* vol.49 (juin 1993) n° 2, p. 189-199.
40. « Historicité et vérité. Approche philosophique », in *Le Supplément. Revue d'éthique et de morale* 188-189, Paris, Cerf, 1994, p. 11-41.
41. « Le projet philosophique et la foi chrétienne », in *Revue philosophique de Louvain* 92 (1994), p. 295-311.
42. « L'espérance de la raison », in GREISCH, Jean et FLORIVAL, Ghislaine (éds), *Création et événement. Autour de Jean Ladrière.* Centre International de Cerisy-la-Salle. Actes de la décade du 21 au 31 août 1995, Louvain-la-Neuve/Paris, Éditions de l'Institut Supérieur de Philosophie/Peeters, 1996, p. 361-387.
43. *L'éthique dans l'univers de la rationalité*, Namur/Québec, Artel/Fides, 1997.
44. « La forme et le sens », in JACOB, A. (éd.), *Encyclopédie philosophique universelle.* I. *L'univers philosophique*, 3e édition, Paris, PUF, 1997, p. 478-492.

45. « L'ultime du savoir et la rencontre de l'ultime. Religion et sciences », in *Archives de Philosophie* 63 (avril-juin 2000) cahier 2, p. 183-194.
46. *Les enjeux de la rationalité. Le défi de la science et de la technologie aux cultures.* Nouvelle édition suivi de *Existence, éthique et rationalité.* Montréal, Liber, 2001.
47. *La foi chrétienne et le destin de la raison.* Paris, Cerf, 2004.
48. *Sens et vérité en théologie. L'articulation du sens.* III, Paris, Cerf, 2004.
49. *L'espérance de la raison,* Louvain-la-Neuve/Louvain/ Paris/Dudley, Éditions de l'Institut Supérieur de Philosophie/Peeters, 2004.
50. *Le temps du possible,* Louvain-la-Neuve/Louvain/Paris/Dudley, Éditions de l'Institut Supérieur de Philosophie/Peeters, 2004.
51. « Les institutions de la raison », in FELTZ Bernard et GHINS Michel (éds), *Les défis de la rationalité.* Actes du Colloque organisé par l'Institut Supérieur de Philosophie (UCL) à l'occasion des 80 ans de Jean Ladrière, Louvain-la-Neuve/ Louvain/Paris /Dudley, Éditions de l'Institut Supérieur de Philosophie/Peeters, 2005, p. 17-49.
52. « Comment et pourquoi, personnellement, je crois », in *Revue philosophique de Louvain* 106 (mai 2008) n° 2, p. 248-269.

LAMBERT Dominique

1. « Historicité et Vérité. Un point de vue de physicien », in *Le Supplément* 188-189 (janvier-juin 1994), p. 107-123.
2. « Vers de nouvelles interactions entre mathématiques et biologie », in *Revue Philosophique de Louvain* 93 (février-mai 1995) n° 1-2, p. 82-92.

LECLERCQ Bruno

1. *Intuition et déduction en mathématiques. Retour au débat sur la « crise des fondements »,* Fernelmont, EME, 2014.
2. *Fondements logiques et phénoménologiques de la rationalité mathématique. Contributions husserliennes au débat sur la « crise de fondements »,* Paris, J. Vrin, 2015.

LENTIN Alain et RIVAUD Jean, *Éléments d'algèbre moderne,* Paris, Librairie Vuibert, 1963.

MAESSCHALCK Marc, « Éthique et institution. Actualité de la pensée de Jean Ladrière pour une "éthique des Droits humains" », in *Laval théologique et philosophique* vol. 57, 3 (octobre 2001), p. 447-468.

MALHERBE Jean-François

1. *La philosophie de Karl Popper et le positivisme logique,* Namur/Paris, PUN/PUF, 1979.
2. *Le langage théologique à l'âge de la science. Lecture de Jean Ladrière,* Paris, Cerf, 1985.
3. « Jean Ladrière. Des limitations internes aux espérances de la raison », in *Laval théologique et philosophique* 57,3 (octobre 2001), p. 415-420.

MALHERBE Jean-François (éd.), *La responsabilité de la raison. Hommage à Jean Ladrière pour son 80e anniversaire*, Louvain/Paris, Peeters, 2002.

PARAIN-VIAL Jeanne, *Philosophie des sciences de la nature. Tendances nouvelles.* Deuxième édition. Paris, Klincksieck, 1985.

Philosophie de la connaissance. Croyance, connaissance, justification. Textes réunis par Julien Dutant et Pascal Engel et traduits par E. Bourgognon, A. Brunet, N. Cominotti, J. Dutant, P. Egré, P. Engel, E. Glon, F. Roudaut, Paris, J. Vrin, 2005.

RICHE Jean, « Logique et théorie de la signification », in JACOB, A. (éd.), *Encyclopédie philosophique universelle.* I. *L'univers philosophique.* 3e édition, Paris, 1997, p. 1094-1096.

RICŒUR Paul, « La structure, le mot, l'événement », in *Esprit* (mai 1967) n° 360, p. 801-821.

THOM René, « Formalisme et scientificité », in *Les Études Philosophiques* 2 (1978), p. 171-178.

VAN PARIJS Philippe, « Jean Ladrière ou l'expérience de l'opacité », dans FELTZ, Bernard et GHINS, Michel (éds), *Les défis de la rationalité.* Actes du Colloque organisé par l'Institut Supérieur de Philosophie (UCL) à l'occasion des 80 ans de Jean Ladrière. Louvain-la-Neuve/Louvain/Paris, Dudley/Éditions de l'Institut Supérieur de Philosophie/Peeters, 2005, p. 119-127.

TABLE DES MATIÈRES

www.ingramcontent.com/pod-product-compliance
Lightning Source LLC
LaVergne TN
LVHW051014051026
849532LV00004BA/1205